Zhuhao Kangzhuang Dadao Gongyuan Xiaokang Mengxiang

筑好康庄大道　共圆小康梦想

——农村公路发展主题宣传报道集锦

交通运输部政策研究室　编

人民交通出版社股份有限公司
China Communications Press Co.,Ltd.

内 容 提 要

本书以深入学习宣传贯彻习近平总书记关于农村公路发展重要指示批示精神为主题，对各级交通运输主管部门和相关单位按照中央有关部门要求和交通运输部党组的统一部署，积极宣传农村公路工作进行了介绍。本书将有关宣传报道结集成册，以供学习参考。

图书在版编目（CIP）数据

筑好康庄大道　共圆小康梦想：农村公路发展主题宣传报道集锦 / 交通运输部政策研究室编. — 北京：人民交通出版社股份有限公司, 2014.10

ISBN 978-7-114-11784-8

Ⅰ. ①筑… Ⅱ. ①交… Ⅲ. ①新闻报道—作品集—中国—当代 Ⅳ. ①I253

中国版本图书馆CIP数据核字（2014）第237729号

书　　名：筑好康庄大道　共圆小康梦想
　　　　　——农村公路发展主题宣传报道集锦
著 作 者：交通运输部政策研究室
责任编辑：张一梅
出版发行：人民交通出版社股份有限公司
地　　址：（100011）北京市朝阳区安定门外外馆斜街3号
网　　址：http：//www.ccpress.com.cn
销售电话：（010）59757973
总 经 销：人民交通出版社股份有限公司发行部
经　　销：各地新华书店
印　　刷：中国电影出版社印刷厂
开　　本：720×960　1/16
印　　张：9.75
字　　数：119千
版　　次：2014年10月　第1版
印　　次：2014年12月　第2次印刷
书　　号：ISBN 987-7-114-11784-8
印　　数：2051-4050册
定　　价：48.00元

Qianyan 前言

党中央对改善农村地区人民群众生产生活条件非常关心和重视。党的十八大以来，习近平总书记多次就农村公路发展作出重要指示、批示。2014年3月4日，习近平总书记在交通运输部关于农村公路发展情况的报告上作出重要批示，充分肯定农村公路建设取得的成绩，要求农村公路建设要因地制宜、以人为本，与优化村镇布局、农村经济发展和广大农民安全便捷出行相适应，进一步把农村公路建好、管好、护好、运营好，逐步消除制约农村发展的交通瓶颈，为广大农民脱贫致富奔小康提供更好的保障。

4月28日，中宣部下发了《关于做好习近平总书记关于农村公路发展重要批示报道的通知》（通知【2014】124号），要求各新闻媒体做好相关宣传报道。4月29日，交通运输部紧急下发明传电报《关于深入学习贯彻习近平总书记重要批示精神进一步加强农村公路宣传工作的通知》，要求各级交通运输主管部门和相关单位按照中央有关部门要求和交通运输部党组的统一部署，精心组织、积极响应，进一步做好农村公路宣传工作。

交通运输部政策研究室与各地交通运输部门和各大新闻媒体积极策划，认真落实，协调采访，准备素材，各主要媒体按照中宣部要求刊发了大量深度报道，主流网络媒体和地方媒体广泛转载，行业媒体开设专栏进行了深度报道，在全国上下形成了持续宣传农村公路发展的热潮，取得了良好的宣传效果。现将有关报道结集成册，以供学习参考。

作者

2014年9月

Contents 目　录

一

习近平总书记关心农村公路发展

新华社长篇通迅：

筑好康庄大道　共圆小康梦想

——习近平总书记关心农村公路发展纪实

新华网北京4月28日电（新华社特约记者）小康不小康，关键看老乡。

在全面建成小康社会、实现中华民族伟大复兴的征程中，“三农”问题一直牵动着中共中央总书记习近平的心。

太行深处的老区群众，甘肃农村的困难家庭，海南三亚的黎族花农……到各地考察、调研，总书记都会走进田间地头，走到农民中间，和乡亲们唠家常，话发展，嘘寒问暖：那片让人魂牵梦萦的广阔天地，需要怎样的牵引和助推，才能和全国一道同步走向全面小康、迈入现代化?

党的十八大以来，习近平总书记多次就农村公路发展作出重要指示、批示，对农村公路助推广大农民脱贫致富奔小康寄予了殷切期望。

习近平总书记的亲切关怀，犹如春风化雨，滋润了广袤的农村大地。各级党委、政府以总书记的重要指示批示精神为指引，加大农村公路建设力度，努力提供更好的交通运输保障，助推老乡们早日实现“小康梦”。

心系贫困地区：修一段公路就能给群众打开一扇脱贫致富的大门

全面奔小康，关键在农村；农村奔小康，基础在交通。

尽管乡土中国正在经历千年未有之变局，但农业还是“四化同步”

的短腿，农村还是全面建成小康社会的短板：

人口多、底子薄、发展不平衡仍是基本国情，农村就是这一基本国情的最大实际；我国还有1.28亿人生活在贫困线以下，其中绝大部分就在农村。

党的十八大以来，党中央从战略和全局出发，制定出台了一系列含金量高、操作性强的强农惠农举措，为改善农村交通条件、发挥服务“三农”的基础性先导性作用提供了重要支撑。

一路一桥总关情。习近平总书记尤为关注交通基础设施建设服务“三农”的重要作用。

2013年11月3日，习近平总书记来到位于吉首市的矮寨特大悬索桥视察，了解到湘西州近年来交通条件变化很大，特别是乡村道路网已基本形成，习近平总书记很高兴。他指出，贫困地区要脱贫致富，改善交通等基础设施条件很重要，这方面要加大力度，继续支持。

2014年3月4日，习近平总书记在关于农村公路发展的报告上批示强调：特别是在一些贫困地区，改一条溜索、修一段公路就能给群众打开一扇脱贫致富的大门。殷殷之情，溢于言表。

一段公路，连接起习近平总书记和少数民族同胞的心。

独龙族是我国人口较少的少数民族之一，主要聚居在云南贡山县独龙江乡。这里深处峡谷，仅有一条独龙江公路通往外界，每年有半年大雪封山、与世隔离，经济社会发展滞后，是云南乃至全国最为贫穷落后的地区。

习近平总书记一直关心着当地少数民族同胞的生产生活情况，多次作出重要指示，提出明确要求。云南省各级党委政府认真落实总书记的重要指示精神，使当地的基础设施和群众生产生活不断改善。

2014年元旦前夕，习近平总书记接到了当地群众的来信，得知独龙江公路隧道即将贯通的消息后，十分高兴，立即作出批示，向独龙族的乡亲们表示祝贺。他对独龙江公路隧道贯通后，帮助独龙族同胞“与全国其他兄弟民族一道过上小康生活”寄予了很高的期望。

独龙江沸腾了！各族干部群众奔走相告，沉浸在巨大的喜悦和振奋中。“独龙族人民永远感谢习近平总书记、永远感谢共产党、永远听共产党的话、永远跟着共产党走！”一直为独龙江公路忙碌操劳的老县长高德荣激动地说。

2014年4月10日13时28分许，随着高黎贡山独龙江公路隧道成功实施“最后一爆”，整个隧道顺利贯通。这标志着独龙族同胞大雪封山半年的历史将宣告结束，祖祖辈辈难圆的梦想今日终将实现。

一条条溜索，也时刻牵动着总书记关注的目光。

云南、贵州交界处的牛栏江边，一根根钢绳横跨江河，成为当地村民跨江出行的唯一交通设施。为有效解决两岸人民的出行困难，优化路网结构，促进农民增收致富，在地方党委政府的努力下，进行了溜索改人行桥建设。老乡们高兴地说，这是党和政府给我们架起的“希望桥、致富桥、小康桥！”

根据《“溜索改桥”建设规划（2013～2015年）》，“十二五”后3年，四川、贵州、云南等7省（区）约有290对溜索改造成桥梁，惠及904个行政村的95.8万群众，助力改善65.8万贫困人口的出行条件。

“绝不让任何一个地方因农村交通问题在小康路上掉队！”这既是各级党委政府和有关部门加快农村公路建设的奋斗目标，也是向广大人民群众作出的庄重承诺——贯彻落实好习近平总书记的重要指示批示精神，让农民兄弟走进春天里，看到希望的花朵竞相绽放！

情寄康庄大道：建设美丽乡村是要给乡亲们造福

在新的历史时期，习近平总书记对农村的发展和农民致富奔小康有着更加深远的谋划。2013年7月22日下午，他赴湖北鄂州城乡一体化试点的长港镇峒山村考察，在与部分村民亲切座谈时指出，实现城乡一体化，建设美丽乡村，是要给乡亲们造福，不要把钱花在不必要的事情上。他还特别强调，城镇化要发展，农业现代化和新农村建设也要发展，同步发展才能相得益彰，要推进城乡一体化发展。

浙江嘉善在县域城乡一体化发展方面做出了许多富有成效的探索和实践。这里曾是习近平总书记的联系点。他十分关心嘉善的经济社会发展，多次作出批示指示，还特别强调交通要先行一步。浙江省委省政府积极贯彻落实总书记的批示精神，率先实施“乡村康庄工程”建设，努力打造农村公路、安全保障、养护管理、运输服务“四张网”。全省农村公路总里程由2003年的3.6万公里提高到2013年的10.4万公里，年均增长30%，通乡、通村公路成功实现百分百通达的“双百目标”，行政村班车通村率达到了94%，真正做到了让农民兄弟“出门有路，抬脚上车”。

习近平总书记多次强调，交通基础设施建设具有很强的先导作用。各级党委政府对总书记的要求深刻领会，紧密结合实际，认真推动落实，制定出台了一系列新政策、新举措。

乡镇和建制村通达、通畅工程，农村渡改桥工程，危桥改造工程，乡村客运站点建设工程……一系列专项工程有序实施，农村公路发展步伐进一步加快，筑就了农民致富奔小康的金光大道：

——上下联动，合力推进。中央和地方发挥各自积极性，各级党委政府提高思想自觉和行动自觉，把加快农村公路建设作为改善农村基础条件、实现农业现代化的重中之重。

2013年的中央一号文件一出台，中央有关部门就研究制定进一步发展农村交通基础设施的十项措施，加大资金投入，全年安排车购税资金677.6亿元，同比增长47%，占全年公路建设车购税总投资的31%。各级地方政府积极出台各种措施，多渠道筹措建设资金，加快推进农村公路建设。

——因地制宜，稳步推进。坚持从实际出发，立足当前、着眼长远，合理确定不同地区的发展目标、建设重点和技术标准，积极稳妥分步推进。

贵州省2013年正式实施了“四在农家·美丽乡村”基础设施建设，开展了小康路、小康水等六项行动。其中，按照“公路上等级、路网趋优化、管养全覆盖、通行提能力、安全有保障、环境更优美”的总体要求，小康路建设如火如荼，广大农民喜笑颜开。

——坚持不懈，深化改革。积极探索具有农村地区特点的公路运行体制和发展机制，推动农村公路实现由规模速度型向质量安全效益型转变、由整体推开向重点突破转变、由以建设为主向建管养运并重转变。

河北省积极推广“七公开”制度，将农村公路建设规划、质量监督、资金使用等7个群众最为关心的重点环节及时向社会公开，主动接受人民群众和社会各界监督，使权力运行公开透明。

……

2013年，各级党委政府和有关部门共同努力，完成农村公路建设投资2486亿元，新改建农村公路21万公里，解决了150个乡镇和1.64万个建制村通沥青（水泥）路的问题，改造农村公路安全隐患路段4.24万公里、危桥3110座、渡口1589处，启动了云南、贵州等7个贫困省区溜索改桥工作。

目前，农村公路总里程已达377万公里，乡镇和建制村通沥青（水泥）路率分别达到了98%和89%，农村公路的通达深度、覆盖广度进一步提高，路网结构不断优化。全国乡镇和建制村通客车率分别达到了99%和93%，开通农村客运线路9.6万条，农村客运线路和城市公交衔接更加顺畅，城乡客运公共服务均等化稳步推进。养护管理逐步加强，基本实现了“有路必养”，农村公路交通安全状况明显改善。农村交通条件和面貌发生了新的历史性变化。

习近平总书记对农村公路建设工作充分肯定，他指出，近十年来农村公路建设成绩斐然，为改善农民生产生活条件作出了重要贡献。

路通自有财富来。农村公路已成为农业发展、农民增收的助推器。据不完全统计，10年来受益于农村公路建设，仅浙江省就让全省农民增收超过800亿元，拉动GDP增加值超过1300亿元，创造就业岗位约30万个。农村公路沿线四分之一的农民扩大了经济作物种植面积，优化了农业生产结构，拓宽了增收渠道。

农村公路的建设还带动了农民群众整体素质有效提升。据调查统计，浙江省实施“乡村康庄工程”后，农民群众到县城的时间缩短了53.6%，到集贸市场的时间缩短了59.2%，看病更方便了，子女上学能坐车了，山村的孩子也享受到了中心学校的师资和教育条件。

“村村寨寨通公路，同心共筑小康路。修好公路人人夸，富了百姓千万家。”朴实的话语，表达了脱贫致富后的农民群众对习近平总书记关心关爱农民群众、大力实施惠民工程的由衷感激。

着眼全面小康：为广大农民脱贫致富奔小康提供更好的保障

中国要强，农业必须强；中国要美，农村必须美；中国要富，农民必须富。

中央农村工作会议上这铿锵有力的表述，彰显的是实现“两个百年”目标、实现中国梦的“三农”诉求，蕴含的是中央解决好“三农”问题的坚定决心和坚强意志。

习近平总书记多次强调，没有农村的小康也就没有全面的小康。为了广大农民的小康梦早日实现，新形势下，要进一步深化和加强农村公路发展：

农村公路建设要因地制宜、以人为本，与优化村镇布局、农村经济发展和广大农民安全便捷出行相适应；

要通过创新体制、完善政策，进一步把农村公路建好、管好、护好、运营好；

要逐步消除制约农村发展的交通瓶颈，为广大农民脱贫致富奔小康提供更好的保障；

……

习近平总书记的殷切期望，是各级党委政府继续深入推进农村公路发展的巨大动力。

云南省委省政府要求全省各族干部群众，以总书记的重要批示精神为指引，说改革，谈举措，话发展，团结奋进奔小康、携手共圆“中国梦”。迪庆藏族自治州党委表示，只有牢固树立交通是“先头兵”、交通是“大民生”、交通是“大硬件”的理念，只有全力推进综合交通基础设施实现跨越发展、赶超发展，才能让全州各族群众与全省全国人民一道实现小康。

福建省把一批促进地方经济发展、服务群众出行的交通项目增列入党的群众路线教育实践活动实施计划，确保通村公路符合安全通客车条件的建制村全部开通农村客车，推动农村客运长效发展，惠及广大农村群众。

西藏自治区今年召开全区加快农村公路建设专题推进会，要求各级各部门充分认识加快全区农村公路建设的重大意义，结合党的群众路线教育实践活动，加快解决制约农业、农村、农民发展的问题，为繁荣农牧区经济，全面建成小康社会奠定坚实的基础。

为了贯彻落实习近平总书记提出的“因地制宜、以人为本”的新要求，围绕把农村公路“建好、管好、护好、运营好”的“四好”新目标，各级党委政府进一步细化政策举措，加大对农村特别是贫困地区公路建设的投入，着力提高农村公路的安全水平、畅达水平和服务水平，开创农村公路工作新局面，使人民群众实实在在享受到改革发展的成果：

——按照“扩大成果、完善设施、提升能力、突出重点、统筹城乡”的要求，助推新型城镇化与农业现代化相辅相成，稳步推进农村公路提级改造，全面提高农村公共服务水平。

——坚决打好集中连片特困地区交通扶贫攻坚战，重点加大对西部地区和集中连片特困地区农村公路建设资金、技术的投入。持续做好交通扶贫工作，加快推进贫困地区建制村通畅工程建设。

——持续提高农村公路的质量和安全，强化农村客运安全监管，保证安全运行。优化农村路网布局，推动农村公路与城镇化、村镇行政区调整、扶贫搬迁、土地开发和综合治理协调衔接，相互促进，发挥路网综合效益。

——深化农村公路管理体制改革，优化农村公路建设模式，抓好运行管护，构建责任明确、运转高效的管理体制和运行机制。建立农村公路绩效评估和成效考核体系，落实县级政府在农村公路建设管理养护中的主体责任。

——大力发展农村客运，完善城乡客运一体化发展政策措施，推进城乡客运基本公共服务均等化。完善农村客运公共财政保障措施，引导农村客运网络化运营，提高农村客运通达深度、广度和服务质量，努力实现村村通班车。

……

一条条针对性强、操作性强的新举措，让农民兄弟看到了致富奔小康的征程中，“大路越走越宽阔”的新希望。

“只要有信心，黄土变成金”。在以习近平同志为总书记的党中央正确领导下，农村公路建设必将进一步加速发展，推动广大农民早日脱贫致富，为全面建成小康社会、实现中华民族伟大复兴的“中国梦”提供可靠的交通运输保障！

（2014年04月28日 20:25 来源：新华网）

中央电视台《新闻联播》：

新华社播发长篇通迅《筑好康庄大道 共圆小康梦想——习近平总书记关心农村公路发展纪实》

央视网消息(新闻联播)：本台消息，新华社今天播发长篇通讯《筑好康庄大道 共圆小康梦想——习近平总书记关心农村公路发展纪实》。

通讯指出，小康不小康，关键看老乡。党的十八大以来，中共中央总书记、国家主席、中央军委主席习近平多次就农村公路发展作出重要指示、批示，对农村公路助推广大农民脱贫致富奔小康寄予了殷切期望。

习近平强调，交通基础设施建设具有很强的先导作用，特别是在一些贫困地区，改一条溜索、修一段公路就能给群众打开一扇脱贫致富的大门。

各级党委、政府以习近平总书记的重要指示批示精神为指引，加大农村公路建设力度，努力提供更好的交通运输保障，助推老乡们早日实现“小康梦”。乡镇和建制村通达、通畅工程，农村渡改桥工程，危桥改造工程，乡村客运站点建设工程……一系列专项工程有序实施，农村公路发展步伐进一步加快。

习近平对农村公路建设工作充分肯定。他指出，近十年来农村公路建设成绩斐然，为改善农民生产生活条件作出了重要贡献。新形势下，农村公路建设要因地制宜、以人为本，与优化村镇布局、农村经济发展和广大农民安全便捷出行相适应。要通过创新体制、完善政策，进一步把农村公路建好、管好、护好、运营好，逐步消除制约农村发展的交通瓶颈，为广大农民致富奔小康提供更好的保障。

目前，我国农村公路总里程已达377万公里，乡镇和建制村通沥青(水泥)路率分别达到了98%和89%，农村公路的通达深度、覆盖广度进一步提高，路网结构不断优化。全国乡镇和建制村通客车率分别达到了99%和93%，开通农村客运线路9.6万条，农村客运线路和城市公交衔接更加顺畅，城乡客运公共服务均等化稳步推进。养护管理逐步加强，基本实现了“有路必养”，农村公路交通安全状况明显改善。农村交通条件和面貌发生了新的历史性变化。

通讯中强调，为了贯彻落实习近平总书记提出的“因地制宜、以人为本”的新要求，围绕把农村公路“建好、管好、护好、运营好”的“四好”新目标，各级党委政府要进一步细化政策举措，加大对农村特别是贫困地区公路建设的投入，着力提高农村公路的安全水平、畅达水平和服务水平，开创农村公路工作新局面，使人民群众实实在在享受到改革发展的成果。

通讯最后指出，在以习近平同志为总书记的党中央的正确领导下，农村公路建设必将进一步加速发展，推动广大农民早日脱贫致富，为全面建成小康社会、实现中华民族伟大复兴的“中国梦”提供可靠的交通运输保障。

（CCTV1新闻联播 2014年04月28日 19:09）

人民日报转载
新华社长篇通讯并配发评论员文章

——让农民的“小康路”更宽广

人民日报

小康不小康，关键看老乡。老乡奔小康，基础在交通。在一些贫困地区，改一条溜索、修一段公路就能给群众打开一扇脱贫致富的大门。一路一桥总关情，以习近平同志为总书记的党中央高度重视交通基础设施建设对农村发展的带动作用，殷殷期望、明确要求，极大地推动了农村公路建设的跨越式发展，为广大农民致富奔小康注入了强大动力。

人民日报
RENMIN RIBAO

29

坚守铁八条 重拳反四风
顶风违纪，零容忍！
节前各地密集通报典型案件震慑违纪违法

筑好康庄大道 共圆小康梦想
——习近平总书记关心农村公路发展纪实

让农民的『小康路』更宽广

李克强主持召开座谈会强调
依托黄金水道建设长江经济带
立足改革开放谋划发展新棋局
张高丽出席

一季度经济发展亮点
节能减排不松劲

树清风正气
祛歪风邪气

国产喷气客机环球首飞成功

今天，乡土中国正经历千年未有之变局，但农业还是“四化同步”的短腿，农村还是全面建成小康社会的短板。要让短腿变长、短板变强，一个重要方面，就是把农村公路建设作为改善民生、服务

“三农”的得力抓手，不断加大农村公路建设力度，逐步消除制约农村发展的交通瓶颈，才能为农民脱贫致富奔小康提供坚实保障。

“因地制宜、以人为本”，“绝不让任何一个地方因农村交通问题在小康路上掉队”。习近平总书记的殷切期望，化为各级党委政府深入推进农村公路发展的巨大动力。短短时间里，农村公路的通达深度、覆盖广度进一步提高，路网结构不断优化，农村公路越来越成为农业发展、农民增收的助推器，为改善农村生产生活条件作出了重要贡献。事实证明，农村公路离农民越近，闭塞和贫穷就会离农民越远；农村公路建设得越好，全面建成小康社会的步伐就会越快。

中国要强，农业必须强；中国要美，农村必须美；中国要富，农民必须富。进入全面建成小康社会的决定性阶段，三农新形势对交通运输事业形成了倒逼机制，农村公路发展到了提质增效升级的重要关头。从改革发展的全局视之，农村公路建设既是关乎经济发展的“大交通”，也是关乎农民幸福生活的“大民生”。“人民对美好生活的向往，就是我们的奋斗目标”，只有站在这样的高度，带着对农村发展的高度责任感，带着对农民兄弟的深厚情感，到群众最需要的地方去解决问题，到发展最困难的地方去打开局面，我们才能为共同致富开辟出一条跨越发展的新路，为全面小康打下坚实的基础，让广大农民看到“大路越走越宽阔”的新希望。

“要想富，先修路”。20世纪80年代，这句由山区农民率先喊出的朴素口号，之所以风靡全国、流行至今，就在于它揭示了一个颠扑不破的发展规律。今天，这句话有了更为深刻的内涵。“富”的追求更加多元了，“路”的要求也更加提高了。唯一不变的，就是我们对梦想的不懈追求，对人民群众的责任担当。时刻把握这种“不变”，我们就能建成建好通向未来的致富之路、小康之路、幸福之路。

（《人民日报》2014年4月29日1版）

600多家媒体转载新华社长篇通讯

据统计，100多家报纸、500多家网站转载了新华社长篇通讯《筑好康庄大道 共圆小康梦想》。

100多家报纸是：人民日报、经济日报、光明日报、工人日报、人民日报海外版、新华每日电讯、中国青年报、人民政协报、解放军报、中国妇女报、农民日报、北京日报、河北日报、河北经济日报、内蒙古日报、吉林日报、黑龙江日报、解放日报、上海文汇报、浙江日报、福建日报、江西日报、湖北日报、湖南日报、南方日报、广西日报、海南日报、重庆日报、四川日报、贵州日报、云南日报、西藏日报、陕西日报、甘肃日报、新疆都市报、兵团日报、南开日报、保定日报、石家庄日报、沧州日报、大同日报、临汾日报、呼和浩特日报、鄂尔多斯日报、锡林郭勒日报、阜新日报、营口日报、大连晚报、长春日报、哈尔滨日报、杭州日报、宁波日报、黄山日报、闽南日报、闽西日报、南昌日报、上饶日报、济南日报、德州日报、烟台日报、淄博日报、泰安日报、聊城日报、开封日报、漯河日报、焦作日报、南阳日报、信阳日报、广州日报、深圳特区报、汕头日报、羊城晚报、惠州日报、韶关日报、南宁日报、柳州日报、成都日报、广安日报、乐山日报、贵阳日报、铜仁日报、毕节日报、昆明日报、西安日报、江城日报、右江日报、三明日报、盐阜大众报、中卫日报、红山晚报、中华建筑报……

人民日报
RENMIN RIBAO

坚守铁八条 重拳纠四风
顶风违纪，零容忍！

筑好康庄大道 共圆小康梦想
——习近平总书记关心农村公路发展纪实

让农民的"小康路"更宽广

李克强主持召开座谈会强调
依托黄金水道建设长江经济带
立足改革开放谋划发展新棋局

一季度经济发展亮点
节能减排不松劲

国产喷气客机环球首飞成功

光明日报

中宣部向全社会公开发布
"时代楷模"苏和、塞罕坝机械林场

塞罕坝机械林场荣获"全国五一劳动奖状"

海南农垦"一改三赢"

筑好康庄大道 共圆小康梦想
——习近平总书记关心农村公路发展纪实

医患签拒收"红包"协议效果如何

经济日报
ECONOMIC DAILY

筑好康庄大道 共圆小康梦想
——习近平总书记关心农村公路发展纪实

工业运行稳中有进结构优化

国产ARJ21客机完成环球试飞

李克强主持召开座谈会研究依托黄金水道谋划发展新棋局
让长江经济带"舞"起来

中国交通报
CHINA TRANSPORT NEWS

筑好康庄大道 共圆小康梦想
——习近平总书记关心农村公路发展纪实

社论
绝不让农民兄弟在小康"路"上掉队

中国青年报

筑好康庄大道 共圆小康梦想

——习近平总书记关心农村公路发展纪实

33名党员列入"不合格"名单

上海松江新浜镇党员民主评议"动真格"

用五四精神凝聚青年力量

网络空间唱响青春正能量

改变"生活不能自理"的领导形象

独立学院大旗到底还能打多久

解放军报

五级军事指挥员集中推演新战法

筑好康庄大道 共圆小康梦想

——习近平总书记关心农村公路发展纪实

网上互动凝聚投身强军兴军力量

忙不到点子上都是瞎忙

开展全方位融入式检查指导

农民日报

稻田又闻机插声

筑好康庄大道 共圆小康梦想

——习近平总书记关心农村公路发展纪实

农村全面小康的必由之路

抓住机遇 乘势而为 推动大城市率先实现农业现代化

社区理事会怎样"理事"?

广东:措施落下去 面积增上来

北京日报

打通山区农民就医"最后一公里"

筑好康庄大道 共圆小康梦想

——习近平总书记关心农村公路发展纪实

北京市第十三次妇女代表大会召开

台盟来京调研首都城市战略定位落实

法式音乐大餐启幕"相约北京"

市人大启动大气污染防治执法检查

本市叫停企业用地上的违建进行"围剿"

修一段公路就打开一扇致富大门

——习近平总书记关心农村公路发展纪实

小康不小康，关键看老乡。

在全面建成小康社会、实现中华民族伟大复兴的征程中，“三农”问题一直牵动着中共中央总书记习近平的心。

太行深处的老区群众，甘肃农村的困难家庭，海南三亚的黎族花农……到各地考察、调研，总书记都会走进田间地头，走到农民中间，和乡亲们唠家常，话发展，嘘寒问暖：那片让人魂牵梦萦的广阔天地，需要怎样的牵引和助推，才能和全国一道同步走向全面小康、迈入现代化?

关心独龙族修公路隧道

全面奔小康，关键在农村；农村奔小康，基础在交通。

一路一桥总关情。习近平总书记尤为关注交通基础设施建设服务“三农”的重要作用。

2013年11月3日，习近平总书记来到位于湖南省吉首市的矮寨特大悬索桥视察，了解到湘西土家族苗族自治州近年来交通条件变化很大，特别是乡村道路网已基本形成，习近平总书记很高兴。他指出，贫困地区要脱贫致富，改善交通等基础设施条件很重要，这方面要加大力度，继续支持。

2014年3月4日，习近平总书记在关于农村公路发展的报告上批示强调：特别是在一些贫困地区，改一条溜索、修一段公路就能给群众打开一扇脱贫致富的大门。殷殷之情，溢于言表。

一段公路，连接起习近平总书记和少数民族同胞的心。

独龙族是我国人口较少的少数民族之一，主要聚居在云南贡山独龙族怒族自治县独龙江乡。这里深处峡谷，仅有一条独龙江公路通往外界，每年有半年大雪封山、与世隔离，经济社会发展滞后，是云南乃至全国最为贫穷落后的地区。

2014年元旦前夕，习近平总书记接到了当地群众的来信，得知独龙江公路隧道即将贯通的消息后，十分高兴，立即作出批示，向独龙族的乡亲们表示祝贺。他对独龙江公路隧道贯通后，帮助独龙族同胞“与全国其他兄弟民族一道过上小康生活”寄予了很高的期望。

2014年4月10日13时28分许，随着高黎贡山独龙江公路隧道成功实施“最后一爆”，整个隧道顺利贯通。这标志着独龙族同胞大雪封山半年的历史将宣告结束，祖祖辈辈难圆的梦想今日终将实现。

一条条溜索，也时刻牵动着总书记关注的目光。

根据《“溜索改桥”建设规划（2013~2015年）》，“十二五”后3年，四川、贵州、云南等7省（区）将约有290对溜索改造成桥梁，惠及904个行政村的95.8万群众，助力改善65.8万贫困人口的出行条件。

强调交通要先行一步

在新的历史时期，习近平总书记对农村的发展和农民致富奔小康有着更加深远的谋划。2013年7月22日下午，他赴湖北鄂州城乡一体化试点的长港镇峒山村考察，在与部分村民亲切座谈时指出，实现城乡一体化，建设美丽乡村，是要给乡亲们造福，不要把钱花在不必要的事情上。他还特别强调，城镇化要发展，农业现代化和新农村建设也要发展，同步发展才能相得益彰，要推进城乡一体化发展。

浙江嘉善在县域城乡一体化发展方面做出了许多富有成效的探索和实践。这里曾是习近平总书记的联系点。他十分关心嘉善的经济社会发展，多次作出批示指示，还特别强调交通要先行一步。

习近平总书记对农村公路建设工作充分肯定，他指出，近十年来农村公路建设成绩斐然，为改善农民生产生活条件作出了重要贡献。

“村村寨寨通公路，同心共筑小康路。修好公路人人夸，富了百姓千万家。”朴实的话语，表达了脱贫致富后的农民群众对习近平总书记关心关爱农民群众、大力实施惠民工程的由衷感激。

没有农村小康就没有全面小康

中国要强，农业必须强；中国要美，农村必须美；中国要富，农民必须富。

习近平总书记多次强调，没有农村的小康也就没有全面的小康。

习近平总书记的殷切期望，是各级党委政府继续深入推进农村公路发展的巨大动力。

“只要有信心，黄土变成金”。在以习近平同志为总书记的党中央正确领导下，农村公路建设必将进一步加速发展，推动广大农民早日脱贫致富，为全面建成小康社会、实现中华民族伟大复兴的中国梦提供可靠的交通运输保障！

（《人民日报海外版》2014年4月29日1版）

铺就致富路　实现“小康梦”

央视网消息(新闻联播)：习近平总书记关心农村公路发展的报道播出后，各地干部群众倍受鼓舞。大家表示，要以习近平总书记的重要指示精神为指引，加大农村公路建设力度，助推百姓早日实现“小康梦”。

眼下正是采茶的季节，在贵州遵义湄潭县，刚刚通车的乡间公路一直延伸到各个乡村的茶园。

近年来，湄潭县投入8.8亿元修建乡村路网，让这里的茶山变成百姓致富的金山。

农村公路建设管理难度大，为了防止暗箱操作，河北省从2008年起推行阳光工程，对农村公路发展规划，建设资金补助政策，招标、施工公、质量监督，竣工验收以及资金使用的各个环节实行全公开，让群众看得清、心里明。

到2013年底，河北农村公路里程达到15.2万公里。

地处大别山腹地的岳西县和麻城市都是革命老区，目前岳西县已实现村村通公路。而贯穿麻城市八十多公里的农村公路，将当地红色旅游和绿色生态旅游推向了全国。

浙江省实施了“乡村康庄工程”建设，全省农村公路总里程年平均保持30%的增长，行政村班车通村率达到94%，真正做到了乡村百姓“出门有路，抬脚上车”。

（CCTV1 新闻联播 2014年4月29日 19:18）

二

交通运输部
学习贯彻习近平总书记重要批示精神

（一）部长署名文章

推进农村公路建设 更好保障民生

人民日报

党中央对改善农村地区人民群众生产生活条件非常关心和重视。党的十八大以来，习近平总书记多次就农村公路发展作出重要指示、批示。去年11月3日，习近平总书记在湖南湘西调研时指出，“贫困地区要脱贫致富，改善交通等基础设施条件很重要，这方面要加大力度，继续支持”。今年元旦前夕，在云南省贡山独龙族怒族自治县干部群众汇报高黎贡山独龙江公路隧道即将贯通的来信上作出重要批示。3月4日，又在关于农村公路发展情况的报告上作出重要批示，充分肯定农村公路建设取得的成绩，要求农村公路建设要因地制宜、以人为本，与优化村镇布局、农村经济发展和

人民日报 社会 15

房价今年首现区域性回调

推进农村公路建设 更好保障民生
——深入学习习近平总书记关于农村公路建设重要指示精神

哈尔滨群力污水厂二期工程暂不开工

专家称社保制度亟待优化

江西万年有了“指尖上的服务”

广大农民安全便捷出行相适应，进一步把农村公路建好、管好、护好、运营好，逐步消除制约农村发展的交通瓶颈，为广大农民脱贫致富奔小康提

供更好的保障。

习近平总书记关于农村公路建设的重要指示和批示，充分体现了党中央对贫困地区各族群众的深切关怀，充满了对交通运输加快发展、助推贫困地区脱贫奔小康的殷切期望，也是对全国交通运输系统干部职工的莫大鼓舞和鞭策。我们将认真贯彻落实习近平总书记重要指示和批示精神，把学习贯彻重要指示和批示精神与开展党的群众路线教育实践活动结合起来，通过认真整改抓落实，进一步把农村公路建设作为改善民生、服务“三农”的重要内容；与推进国家治理体系和治理能力现代化结合起来，不断提升农村公路的安全水平、畅达水平和服务水平；与改革创新结合起来，创新体制，完善政策，不断深化农村公路管理体制改革；与地方的实际情况结合起来，因地制宜，以人为本，积极稳妥地稳步推进，进一步加快农村交通运输发展，为助推“三农”问题解决、农村同步小康做出积极贡献。

深刻理解“给群众打开一扇脱贫致富的大门”的为民情怀，坚持服务“三农”和保障民生的正确方向

习近平总书记充分肯定了近十年来农村公路建设为改善农民生产生活条件作出的重要贡献，并深刻指出，交通基础设施具有很强的先导作用，特别是在一些贫困地区，改一条溜索、修一段公路就能给群众打开一扇脱贫致富的大门。十年来，农村公路建设发展实践，使我国农村交通面貌发生了历史性变化，为实现农村人民生活从温饱不足到总体小康的历史性跨越，提供了交通运输基础保障，使我们更加深刻地理解了习近平总书记对农村公路先导作用和重大意义的科学判断，进一步坚定了加快推进农村公路建设的信心和决心。

十年来，交通运输部党组按照党中央、国务院的部署要求，提出“让农民兄弟走上油路和水泥路”的目标，集中力量加快推进农村公路发展，相继组织实施了乡镇、建制村通达、通畅工程，以及商品粮基地公路、革命圣地公路、扶贫公路、红色旅游公路、农村渡改桥、危桥改造、安保工程、乡村客运站点建设等专项工程，推动农村公路建设实现了跨越式发展。

2013年，按照党的十八大全面建成小康社会的战略部署，交通运输部党组进一步提出了“小康路上绝不让任何一个地方因农村交通而掉队”的目标，把农村地区、贫困地区、集中连片特困地区作为重点，全年共完成农村公路建设投资2486亿元，同比增长15.9%，新建改建农村公路21万公里，解决了150个乡镇和1.64万个建制村通沥青（水泥）路的问题（全国还有约800个乡镇和7万个建制村未通），改造农村公路安全隐患路段4.2万公里，危桥20.7万延米/3110座，渡口4.8万延米/1589处，启动了云南、贵州等七个贫困省区溜索改桥工作，农村交通条件和面貌有了较大改变，广大农民群众“出行难”问题得到有效缓解。

路网结构明显改善。十年来，我们坚持适度超前的原则，新建改建农村公路310万公里，新增农村公路通车里程240万公里，农村公路总里程达到了377万公里，乡镇和建制村通沥青（水泥）路率分别达到97%和88%，农村公路的通达深度、覆盖广度进一步提高，路网结构进一步优化，服务“三农”的作用进一步突出。

养护管理逐步加强。坚持建养并重，牢固树立“建设是发展，养护管理也是发展，而且是可持续发展”的理念，深化农村公路养护管理体制改革，将村道纳入政府公共管理范围，加大养护资金投入，落实养护责任，取得了重要进展。农村公路列养率提高了44个百分点，基本实现了“有路必养”，全国平均优良路比例达到58%，中等路以上比例达到76%。

安全保障水平稳步提升。实施了以“消除隐患，珍视生命”为主题的农村公路安保工程和危桥改造，加强农村公路的标识、标线、护栏等安全设施建设，累计投入资金147.6亿元，共处置改造安全隐患路段18.9万公里，危桥79.5万延米/10712座，农村公路交通安全状况明显改善。

农村客运发展成效明显。大力发展农村客运，加大燃油补贴等政策支持，努力实现“路通车通”，确保农村客运线路“开得通、留得住”。目前，全国乡镇和建制村通客车率分别达到98%和91%，农村客运车辆达到36万辆，开通农村客运线路9.3万余条，平均日发班次118万班，保障了绝大部分农民在家门口就能方便乘坐客运班车。农村客运线路和城市公交衔接更加顺畅，城乡客运公共服务均等化稳步推进。

坚决贯彻落实“为广大农民致富奔小康提供更好的保障”的更高要求，切实做到小康路上绝不让任何一个地方因农村交通而掉队

习近平总书记强调，新形势下，农村公路建设要因地制宜、以人为本，与优化村镇布局、农村经济发展和广大农民安全便捷出行相适应，要通过创新体制、完善政策，进一步把农村公路建好、管好、护好、运营好，逐步消除制约农村发展的交通瓶颈，为广大农民致富奔小康提供更好的保障。习近平总书记的重要批示，着眼全面建设小康社会，指明了新形势下农村公路建设的方向，对进一步推进农村公路建设和农村运输科学发展具有重要指导意义。我们要认真贯彻落实习近平总书记重要指示批示精神和中央农村工作会议精神，坚持“扩大成果、完善设施、提升能力、突出重点、统筹城乡”的工作方针，着力提高农村公路的发展质量和通畅水平，更好地服务于城乡统筹发展和广大农民致富奔小康。

坚持把农村公路建设作为重中之重，构筑和完善农村公路基本公共服务体系。围绕2020年全面建成小康社会的目标，总结十年建设发展经验，在新的起点上认真研究解决农村公路总量不足、地区间发展不平衡、安全保障水平有待进一步提高等问题，适应新型城镇化、农业现代化发展新要求，统筹区域协调发展，重点加大对西部地区、“老少边穷”和集中连片特困地区农村公路建设资金、技术投入，加快实施东中部地区农村公路提级改造、连通工程，进一步优化农村路网布局，推动农村公路与城镇化、村镇行政区划调整、扶贫搬迁、土地开发和综合治理协调衔接、相互促进，发挥路网综合效益，建立完善农村公路基本公共服务体系。

坚持把贫困地区，特别是集中连片特困地区作为主战场，坚决打好交通扶贫攻坚战。集中连片特困地区交通运输发展基础薄弱，是全国交通运输发展的短板，其发展事关区域经济社会的协调发展和全面建设小康社会目标的实现。继续实施《集中连片特困地区交通建设扶贫规划纲要（2011~2020年）》，加快集中连片特困地区农村公路建设，到2020年，集中连片特困地区“外通内联、通村畅乡、班车到村、安全便捷”的交通运输网络基本形成，交通运输基本公共服务主要指标接近全国平均水平，适应区域经济社会发展和全面建设小康社会的总体要求。

坚持把实施“溜索改桥”工程作为当务之急，有效改善山区群众出行条件。加大资金和技术支持力度，加快推进《溜索改桥建设规划（2013~2015年）》的实施，切实改善边远深山沿江（河）地区的对外交通条件，到“十二五”末，基本完成四川、贵州、云南、陕西、甘肃、青海、新疆等省（区）的“溜索改桥”工程，将现有以通行为主要目的溜索全部改建成符合人民群众实际需要、安全便捷、高质量的桥梁，有效改善当地人民群众的出行条件，基本结束“溜索时代”。

坚持把保障人民群众安全出行放在第一位，持续提高农村公路的质量和安全水平。把农村公路发展重点转到质量、安全和效益上来，加大投资补助力度，加快危桥改造、安保工程的实施，提高工程质量的耐久性，新改建农村公路根据需要同步实施安全保障工程，已建成农村公路按照轻重缓急有序推进改造，提升农村公路安全保障能力，强化农村客运安全监管，保证安全运行。

坚持大力发展农村客货运输，不断推进城乡客运一体化和农村物流发展。统筹城乡客运资源配置，完善城乡客运一体化发展政策措施，鼓励城市公交向城市周边延伸覆盖，农村客运线路和城市公交线路对接，完善农村客运公共财政保障措施，提高农村客运通达深度、广度和服务质量，促进提高农村客运通达率。建立和完善农村物流服务体系，落实《交通运输部关于交通运输推进物流业健康发展的指导意见》，鼓励各地统筹交通、商务、供销、邮政等农村物流资源，加快完善县、乡、村三级农村物流服务体系。

坚持深化农村公路管理养护体制改革，为农村公路建设和农村交通运输可持续发展提供体制机制保障。优化农村公路建设模式，抓好运行管护，提高农村基础设施建设、运行、管护效能，构建责任明确、运转高效的管理体制和运行机制。建立农村公路绩效评估和成效考核体系，落实县级政府在农村公路建设管理养护中的主体责任。

深刻领会指示批示的精神实质，为推动解决“三农”问题、实现交通运输公共服务均等化不懈奋斗

习近平总书记对农村公路建设的重要指示批示，要求交通运输在农村经济社会发展中更好发挥基础性先导性作用，为解决“三农”问题，实现农业基础稳固、农村和谐稳定、农民安居乐业，做出积极贡献。我们要深刻学习领会重要指示批示的深刻内涵，进一步增强工作的责任感、使命感和紧迫感，以更高的认识、更大的决心、更强的力度、更硬的措施，以不畏艰难的精神面貌、实事求是的科学态度、统筹安排的工作措施、争分夺秒的阶段目标，进一步推动农村公路又好又快发展，持续推进城乡交通公共服务均等化，让农民群众共享改革发展成果。

坚持深化改革。认真贯彻落实党的十八届三中全会精神，从推进国家治理体系和治理能力现代化的高度，从“建好、管好、护好、运营好”的角度，重新认识农村公路建设中的政策支持和制度建设，积极探索具有农村地区特点的公路运行体制和发展机制，为农村公路发展不断注入动力。

坚持加大投入。进一步加大对农村公路建设特别是交通扶贫的支持力度，多种渠道扩大资金规模，积极争取中央代发地方债和中央预算内资金对交通扶贫项目的投入力度。加大各级地方财政对交通的投资力度，鼓励各地实施优惠的税收和土地政策等支持普通公路建设，统筹使用各级各类扶贫资金并向交通扶贫建设项目倾斜。

坚持因地制宜。从农村经济社会发展的不均衡性、农村公路自然条件差异性等实际出发，立足当前、着眼长远，合理确定不同地区的发展目标、建设重点、技术标准，积极稳妥地分步推进。

坚持合力推进。农村公路点多、线长、面广，建设任务繁重，且具有较强的公益性，更要发挥各方面力量共同推进。继续积极发挥中央和地方两个积极性，强化部省协作，紧密依靠当地群众，使群众成为农村公路发展的拥护者、参与者和生力军，协力推进农村公路发展。（交通运输部党组书记、部长杨传堂）

（《人民日报》2014年5月19日15版）

（二）部领导专访

小康路上，绝不让任何一个地方因农村交通而掉队

——访交通运输部部长杨传堂

新华网北京4月29日电（记者林红梅）　“习近平总书记对农村公路的重要批示，充分体现了党中央对改善农村地区人民群众生产生活条件的关心和重视，体现了对交通运输加快发展、助推贫困地区脱贫奔小康的殷切期望和新的要求。”交通运输部部长杨传堂29日在此间表示，交通运输部党组召开了专门会议，认真学习习近平总书记的重要批示精神。今后要围绕“小康路上，绝不让任何一个地方因农村交通而掉队”的目标，把农村地区、贫困地区、集中连片特困地区作为重点，大力改善当地的交通基础设施条件，为全面建成小康社会、实现中华民族伟大复兴的中国梦提供坚实的交通运输保障。

杨传堂表示，交通运输部党组提出，要把学习贯彻习近平总书记的重要批示精神，与当前正在深入开展的党的群众路线教育实践活动结合起来，通过认真整改抓落实，进一步把农村公路建设作为改善民生、服务“三农”的重要内容；与推进国家治理体系和治理能力现代化结合起来，不断提升农村公路的安全水平、畅达水平和服务水平；与改革创新结合起

来，创新体制，完善政策，不断深化农村公路管理体制改革；与地方的实际情况结合起来，因地制宜，以人为本，积极稳妥地稳步推进。

杨传堂说，近10年来，交通运输部按照中央部署，集中力量加快推进农村公路发展，相继组织实施了乡镇、建制村通达、通畅工程，我国农村交通条件和面貌有了较大改变，广大农民群众“出行难”初步得到有效缓解。

杨传堂介绍，十年来，按照适度超前的原则，全国加快建设农村公路。目前，农村公路总里程已达377万公里，乡镇和建制村通沥青（水泥）路率分别达到了98%和89%，全国乡镇和建制村通客车率分别达到了99%和93%，开通农村客运线路9.6万条。农村客运线路和城市公交衔接更加顺畅，城乡客运公共服务均等化稳步推进，农村交通条件和面貌发生了新的历史性变化。

杨传堂表示，农村公路发展虽然取得了明显成效，但还面临不少挑战。如，农村公路发展的总量仍然不足；路网还不完善，技术等级、网络覆盖广度与通达深度有待提高，地区间发展不平衡、不协调问题仍然较为突出；此外，农村公路的安全保障水平有待进一步提高，农村客运发展仍然不足，等等。

“我们将按照习近平总书记提出的‘进一步把农村公路建好、管好、护好、运营好’的‘四好’新要求，与优化村镇布局、农村经济发展和广大农民安全便捷出行相适应，加快推进综合交通、智慧交通、绿色交通、平安交通等‘四个交通’发展，着力提高农村公路的发展质量和通畅水平，更好地服务城乡统筹发展。”为此，杨传堂谈到六个方面的重点工作：

一是坚持把农村公路建设作为重中之重，构筑和完善农村公路基本公共服务体系；二是坚持把贫困地区特别是集中连片特困地区作为主战场，坚决打好交通扶贫攻坚战；三是坚持把实施“溜索改桥”工程作为当务之急，尽快告别“溜索时代”；四是坚持把保障人民群众安全出行放在第一位，持续提高农村公路的质量和安全水平；五是坚持大力发展农村客货运输，不断推进城乡客运一体化和农村物流发展；六是坚持深化农村公路管理体制改革，落实县级政府在农村公路建设管理养护中的主体责任，为农村公路建设和农村交通运输可持续发展提供体制机制保障。

（2014年04月29日 22:32来源：新华网）

致富路通到家门口

央视网消息（焦点访谈）：人们常说，要想富、先修路；可有些路，修起来却有难度。比如，南京市高淳区的桠溪镇，虽然地处富庶地区，距离南京市区只不过几十公里，但是因为这里属于丘陵地带，施工难度大，修路成本高，所以交通条件一直十分落后。这种局面，直到最近几年，才有所改善。

一到周末节假日，陈孜家的农家乐饭馆总是热热闹闹的，游客络绎不绝。这红火的生意只是最近几年的事情。陈孜家所在的桠溪镇，离南京、常州、无锡这些发达城市不算远，景色又好，是开办自驾游、农家乐的好地方，但是就在4年前，地处富庶地区的桠溪镇，生活却不富裕。

因为道路不好，制约了这里的经济发展和百姓致富，2010年8月，陈孜家门口的泥巴路开始翻新修建，拓宽到了5米，铺上了沥青，路两旁也进行了绿化。路修通了，人就来了，南京、上海、无锡、常州，很多城里人到了周末就开着车来这里度假休闲。

靠着个农家乐，短短几年间，陈孜家买了车，还盖了新房，做家庭旅馆，一年下来收入能有六七十万元。现在陈孜所在的蓝溪村，很多农民家里都开了农家乐。南京市高淳区桠溪镇蓝溪村联村党委书记张廷生告诉记者，以前这里人均收入7000元；“2013年经营农家乐的有51户，户均收入是21万元，经营规模大一点能做到70万元左右的纯收入。”

这几年，高淳地区投入资金4.5个亿，新建改建农村公路184公里，一条条宽敞通达的柏油马路铺到了村门口，农民不用出村就能把钱赚了。

罗志军（江苏省委书记）：“当时这些都是茅山新四军时期的老区，那时候我们也不好进的，现在路全打通了，从人均几千块钱，现在都是上万元、两万元的收入了，有的还更高，这个致富路（效果）是非常明显的。”

路修好了，农民富了，生活也方便了。在江苏溧阳，农民也可以像城里人一样出门有公交车坐了。在毛尖村，以前村民要出门，要先步行半个多小时走到大路上才有车坐，而现在，出门不到10分钟，就到公交站点了。

溧阳市下辖10个镇，175个行政村已经开通了146条镇村公交线路，每天有220辆公交车在这些线路上运营，60多万村民都能坐上公交车了。早晚高峰时期每隔20分钟就有一趟车，票价也不贵，到哪儿都是1元钱。

不光村民出门方便了，孩子们上学也安全了。因为撤并了村小学，村里的孩子都要到镇中心小学上学，以前上学孩子们都是坐黑车，价格又贵还不安全，现在公交车承担起了早晚专门接送孩子的职责，一些特别小的孩子，公交司机还会专门到家里去接。

现在溧阳全市大概有80%的村小学生可以享受到公交接送的服务，到明年，所有的村小学生就都可以坐专线公交车上学了。

路修好了，村民以前面临的出行难、就医难、上学难、运输难都相应的得到了解决。

罗志军（江苏省委书记）：“从原来的村村通，到基本上居住点通，到现在不仅通一般的三米五宽的水泥路，还要拓宽，宽了以后就可以进公交车，大的载重车，使我们的现代农业的发展和公路的建设能够结合得更紧密。与公路通了以后的公交通，公交通了以后还是要保证质量的公交，使老百姓的民心民生更好的保障。”

2012年底以来，交通运输部把农村地区、贫困地区、集中连片特困地区的道路建设作为重点，2013年共完成农村公路建设投资2486亿元，新建改建农村公路21万公里，启动了四川、云南、贵州等7个省区的溜索改桥工作，这些都使农村交通条件和城乡面貌有了较大改变，广大农民群众“出行难”问题得到有效缓解。

杨传堂（交通运输部部长）：“下一步，我们将深入学习贯彻习近平总书记重要指示批示精神，坚持因地制宜、以人为本，着力提高农村公路的发展质量和通畅水平，更好地服务于城乡统筹发展。”

穿大山、修大道，花钱多、用情重，办好这件事，是我们发展经济的必然要求，更是我们实现梦想的必由之路——这里有山里乡亲早日脱贫的致富梦，更有我们全面进步、走向复兴的“中国梦”。

（CCTV1 焦点访谈 2014年5月20日 20:00）

建好农村公路助推脱贫致富

人民日报

本报北京4月29日电 （记者鲍丹）党的十八大以来，习近平总书记多次就农村公路发展做出重要指示和批示，明确要求，通过创新体制、完善政策，进一步把农村公路建好、管好、护好、运营好，逐步消除制约农村发展的交通瓶颈，为广大农民致富奔小康提供更好的保障。交通运输部部长杨传堂表示，总书记的重要指示和批示，充分体现了党中央对广大农民群众的深切关怀，也是对交通运输加快发展、助推贫困地区脱贫致富奔小康的殷切期望。

2 要闻 人民日报

国家主席习近平任免驻外大使

落实习近平总书记重要批示精神

交通部

建好农村公路 助推脱贫致富

云南省

拉长农村短板 促进经济发展

让小康之路在云岭大地延伸

汪洋在打击侵权假冒工作领导小组会议上强调

不断提升打击侵权假冒工作水平

马凯在部分地区铁路建设工作会议上强调

确保全面完成今年铁路建设任务

王勇在安全生产重点工作督查汇报会上强调

强化督查整治 狠抓工作落实

国家创业就业税收新政出台

失业者创业减税近万元

要想富，先修路，在全面建成小康社会进程中，农村公路是基本前提和根本保障。杨传堂介绍，党的十八大以来，交通运输部把农村地区、贫困地区、集中连片特困地区作为重点，2013年共完成农村公路建设投资2486亿元，新建改建农村公路21万公里，启动了四川、云南、贵州等7个省（区）的溜索改桥工作，这些都使农村交通条件和城乡面貌有了较大改变，广大农民群众“出行难”问题得到有效缓解。

杨传堂也表示，农村公路发展存在一些问题，如农村公路发展的总量仍然不足，路网还不完善，技术等级、安全保障水平等方面都有待提高等。

“下一步，我们将深入学习贯彻落实习近平总书记重要指示、批示精神，坚持因地制宜、以人为本，统筹抓好农村公路的改革发展，着力提高农村公路的发展质量和通畅水平，使交通运输更好地服务于城乡统筹和全面建成小康社会的目标。”杨传堂说。

（《人民日报》2014年4月30日2版）

翁孟勇做客中央人民广播电台《政务直通》谈农村公路

主持人：各位晚上好，您现在收听到的是中央人民广播电台中国之声《政务直通》节目，我是主持人（王贤），《政务直通》沟通您所关心的社会热议的话题，今晚我们节目主题是农村公路。

今天我们的节目话题是说农村公路，那么在现场的作客嘉宾应该是讲这个话题非常合适的人选了，我们欢迎交通运输部党组副书记、副部长翁孟勇，欢迎您。

翁孟勇：中国之声的听众朋友们大家晚上好，很高兴到这里跟大家聊聊农村公路。

主持人：翁副部长刚才在开头您也听到了录音的短片，这里有大家各种各样关于农村公路的说法，比如说到农村公路，有的人印象当中就是石子路、泥路，特别难走又窄，但是后面也有人说到公路又好又平整，村村通了。这些是我们记者随机在街头采访得到的大家对农村公路的一个印象，不知道您作为农村公路的业内人士，听了之后是什么样的感觉呢？

翁孟勇：群众的议论反映出大家对农村公路的关注，我们国家的农村公路，特别是经过近十年的快速发展，应该说取得了明显的成绩，农村的交通条件有了很大的改变。过去闭塞的山村农用车、小客车、货车现在都可以开到农户的家门口，农民群众行路难、乘车难、运输难的问题，应该说是得到了极大的改善。农村公路打开了农民的致富之门，也促进了农村的产业结构调整，扩大了农民的就业，增加了农民的收入。不仅如此，农村公路还带动了各地的人流、物流、信息流的形成，应该说我们国家的农村由过去的相对比较封闭变得越来越开放。

主持人：路打通了，大家的思路也打开了。

翁孟勇：是的，完全是这样。当然了我们国家的农村公路应该说发展的任务还是很艰巨，仍然存在着不少问题和不足，需要我们在今后的发展中认真的加以解决。

主持人：您也讲到了农村公路发生变化之后，比如说打开了农民的致富之门，所以一谈公路现在大家都熟悉，包括全中国可能都看到这样的标语，说“要想富先修路”。我们准备这期节目的时候也查了查资料，您刚才也说经过十年的发展，很多地方都在说农村公路是经过了十年的建设、十年的发展变化，所以我也比较好奇，是不是说最近这十年对于我们国家的农村公路来说正好是比较重要的时间节点，这又是什么原因呢？

翁孟勇：是这样的，应该说党中央对改善农村地区人民群众的生产生活条件一直非常关心和重视，特别是进入新世纪以来，大家也知道中央陆续出台了十多个关注三农工作的一号文件，极大地推动了我们国家三农的发展，这应该说是一个很重要的政策文件。2003年，根据中央关于三农工作的部署和要求，也是根据我们国家当时交通运输事业发展的实际，当时交通运输部的党组明确提出了修好农村路、服务城镇化，让农民兄弟走上沥青路和水泥路的发展目标。可以说以这个为标志，当时我们启动了新中国成立以来规模最大的农村公路的建设，这十多年来我们在国家有关部委的大力支持下，和地方党委、政府、广大人民群众一起，集中力量共同推进了农村公路的发展。

主持人：您讲到的这个时间节点正好是2003年，现在是2014年，差不多十年的时间。如果拿十年前做比较的话，您觉得这个最大的变化是什么，比如说接受采访的时候有老百姓讲到，他们自己身边能够看到一些变化，从您这个层面来了解，应该也去到很多地方，看到过一些具体的变化?

翁孟勇：我是这么看，我认为这十多年来，农村公路变化最大的我觉得在四个方面，一个是农村公路网覆盖面扩大，去年我们国家的农村公路已经达到370万公里。第二个是农村公路的出行条件明显得到了改善，过去都是土路、碎石路甚至没有路面铺装，现在应该说绝大部分的农村路都铺上了路面，得到了硬化或者改善。第三个就是安全保障水平，特别是过去像山区的农村路的条件非常差，但是现在也做了一些安全的防护措施，但是这个还是有很大的距离。第四个就是农村的客运事业开始发展起来了。过去农民兄弟要上乡镇，特别是去县城，他得走很多路，现在可能在家门口就能够搭上班车。

主持人：可能公交车已经开到了农民的村口甚至家门口去了。

翁孟勇：应该说这十多年来我们国家共新建、改建的农村公路有310万公里。

主持人：也就是您前面说我们现在的公路网到去年是370万公里，有

310万都是这十年来建的。

翁孟勇：这十年来，新建或者是改建的，对于原来的等级比较低的进行了提升。这是什么概念呢？相当于环绕地球的赤道77圈。所以到2013年年底，我们有98%的乡镇，89%的建制村通了沥青路、水泥路。

主持人：沥青路、水泥路也就是您刚才讲的道路硬化的。

翁孟勇：对，道路硬化。所以在加快建设的同时我们还坚持建设和养护并举，实施了农村公路养护管理体制改革，同时把过去没人管的村道也纳入进了政府公共管理的范围，这十年来农村公路的列养率，我们说就是进入养护的比率提高了44个百分点，农村公路优良路的比例已经达到了58%，中等路以上的比例达到了76%。同时我们还实施了农村公路的安全保障和农村的一些危桥改造工程，这十年来一共投入了148亿元，对近20万公里的隐患路，就是安全上有一些隐患的进行了整治，同时投入了245亿元对一万多座危桥进行了改造。我们坚持路通、车通，加大对农村客运的支持，开通了农村的客运线路9.3万多条，现在农村客运车辆已经达到36万辆，平均每天发的班次是118万班。

主持人：118万班是什么概念？

翁孟勇：我们国家大，农村非常广阔。今天我们谈这个绝对数还是非常高，但是对广大农村来说一平摊我觉得还不够大，我们还要继续努力。总的概念是现在98%的乡镇和91%的建制村现在通了客车。

主持人：您刚才讲到了这么多数字，比如说公路网现在已经达到370万公里的农村公路，包括各方面，比如说优良公路的比例，中等级以上公路的比例，包括这些通客车的比例。实际上，可能这些变化，像您讲我们国家这么大的范围，它是在不同的地方、不同的时间，这十年间陆续发生的。如果听众朋友留意我们的报道可能也会记得，我们《中国之声》曾经聚焦报道过很多条农村公路的变化，之前我们关注过云南的索道医生邓前堆就是坐着溜索去出诊的这位邓大夫，还有我们国家唯一不通公路的少数民族独龙族，今年有一条通往他们家门口的公路，是云南的独龙江公路。翁副部长，这些地方对您来说应该都或比较熟悉吧，是不是都去过？

翁孟勇：对的，应该说绝大部分地区我都去过。大概是2011年春节刚过，我们就到云南的临沧、怒江、宝山等地去调研农村公路，当时的重点是研究如何改善加快西部贫困地区和边疆少数民族地区的农村交通条件。当时我去了怒江的福贡县拉马底村，也就是您刚才提到的索道医生邓前堆同志所在的地方。大家可能从电视上、新闻报道上已经了解了这个情况，当时我们是想把那里的索道改成桥，同时我还去了贡山县，了解独龙江公路建设的情况。但非常遗憾，我没能走到工地，原因是什么？当时大雪封山，所以你们也可以设想到，就像我干交通的，我的保障条件还是很好的，但是我那时候都到不了工地，你想普通的老百姓，独龙江人民群众的出行那是非常困难。

主持人：您讲拉马底村邓前堆大夫所在的那个地方，他以前坐溜索，后来溜索改桥，现在这个桥都已经建好了吧？

翁孟勇：现在这个桥已经建好了，2012年10月拉马底村的索改桥工程就已经完成了，其实从“十一五”以来，我们和国务院的扶贫办就共同在西藏和云南的怒江地区对120多对溜索实施了改桥的项目。目前，我们已经启动在四川、贵州、云南、陕西、甘肃、青海、新疆等七个省区对现有的290对索道，溜索是一对一对，就是一个过去一个过来，这叫一对，290对的溜索进行改造，我们准备在“十二五”的后三年投资28亿元，将这290对溜索全部改成桥梁，彻底结束当地群众依靠溜索出行的情况。

主持人：您讲290对溜索，一对溜索改成桥梁的话，就是要建290座桥梁。

翁孟勇：是的，这290座桥不仅是人行桥，有的桥还要通车，刚才也谈到了独龙江的公路，现在隧道已经贯通了。这个隧道没有贯通前，过去有半年的时间大雪封山，现在隧道贯通以后不仅仅是缩短了过去的距离，关键是解决了原来半年不通车的问题。

主持人：这应该是大家盼了很多年的事儿，像您说的以前半年不能出门，现在365天每天都具备出行的条件了。所以我们也看到了独龙江一个新的消息，就是在上个月，4月10号高黎贡山独龙江公路隧道成功实施了最后一爆，所以像您刚才说的，整个隧道已经顺利的都贯通了，包括刚才翁副部长咱们说到索道医生（邓前堆），他所在的怒江福贡县的了拉马底村溜索改桥的这件事儿，今天我们还真的之前联系了邓医生，翁副部长愿意不愿意再跟他聊一聊？

翁孟勇：当然。

主持人：我们请导播接通邓医生的电话，邓医生这里是中央人民广播电台《中国之声》，今天我们交通运输部的党组副书记翁副部长在这里跟我们聊农村公路的建设，那您保持在线翁副部长跟您聊一聊。

翁孟勇：邓医生您好，我是交通运输部的翁孟勇。

邓前堆：部长您好。

翁孟勇：您好。邓医生您现在出行不用再用溜索了吧？

邓前堆：现在不用溜索了。

翁孟勇：老乡们现在出行还方便吗？

邓前堆：现在挺方便了，我们修了两座桥，一座幸福桥，一座连心桥，2011年11月23号通车，而且两座桥之间挖了一条4.2公里的公路，老百姓出行也非常方便，而且在以前过溜索过江的地方，现在建起了楼，变化很大。

主持人：邓医生，我听说您那边因为通了公路，好像您有买车的计划是不是？

邓前堆：现在已经有车了。我有一辆面包车，车是2012年12月7号就拿到了，从那开始我出去巡诊的话就开着自己的车子，直接到村庄，直接到病人家看病，这都挺方便的。

主持人：这样真的是方便多了。

翁孟勇：过去的索道医生，现在变成了汽车医生。邓医生，过去你们一直希望能够建一个能过车的桥，应该说现在这些愿望都实现了，我们不仅要解决好你们怒江地区的索改桥问题，其他地区的溜索问题，我们现在也在推进过程当中。2015年前，全国其他地区溜索改桥的工作也将全部完成，邓医生你们放心，我们会继续加大对西部少数民族地区、贫困地区的农村交通基础设施的建设力度。同时现在有路了，也有桥了，能开车了，也希望你多提醒乡亲们注意安全。最后祝愿你工作顺利，也请转达我对乡亲们的问候，祝乡亲们生活幸福。

主持人：非常感谢您邓医生。翁副部长您听，刚才邓医生讲到一些变化，其实他的表达是很朴素的，我现在能开上面包车了，等等。邓医生所在的地方溜索改桥，包括我们刚才提到的独龙江隧道，您刚才说到大雪封山就没有能够进去，我印象比较深刻。实际上农村山地比较多，包括那个地方的气候条件、自然条件，对于我们修路来说，像云南、贵州这样的西部地区，包括像一些路况复杂、地理情况复杂的地方，修农村公路是不是比较困难，难题会比较多?

翁孟勇：是的。因为自然的条件，当地经济社会发展的水平，困难是会更多一点。因为工作关系，我也经常去西部贫困地区，不久前我还去了四川的凉山彝族自治州，到凉山地区去调研农村公路的建设问题。和东部地区比，西部地区农村公路的发展差距确实比较大。目前从全国看，没有通硬化路面的乡镇和建制村，主要还是集中在西部地区。到去年底，西部地区建制村通沥青路、水泥路的比例只有65%，这和国家要求，我们原来规划的目标是到“十二五”末达到80%，对应这个目标差距还是不少。特别是往后，尽管看来还有15个百分点，但是这15个百分点所包含的工作量是非常艰巨。

主持人：恐怕是最困难的那些地方。

翁孟勇：是的，应该说能建的，具备条件的，好建的，都建了。留下来都是一些比较难啃的骨头，这些地区都比较偏远，地形地质条件复杂，山高谷深，筑路材料也很缺乏。比如，我去了一些地方就是土，连石头都没有，石料、钢筋、水泥全部从几百公里外运进来，这样就加大了成本，而且村庄又比较分散，所以，这样的话对农村公路建设来说难度比较大，成本也高，而且这些地区恰恰自身的经济实力比较薄弱，管理和技术人员都比较缺乏。

主持人：大家期待能够最后打通的这些公路恐怕是更困难。但是这种困难，您刚才讲到了这些地方经济实力本来就比较薄弱，技术人员也比较匮乏，这种技术的难题更突出一些，还是资金的问题更严重呢？

翁孟勇：总体来看，我觉得突出的主要还是资金问题。比如农村公路建设的成本，近些年来攀升很快。你拿2008年来说，我们当时对全国公路方面的投资，全国是2050亿元，当时就修了40万公里的农村公路，去年我们农村公路投入达到了2455亿元，只修了21万公里的农村路，也就是一半。

主持人：也就是说投入比当时多了1/4，但是修的路只达到原来的一半。

翁孟勇：这里是两方面的原因，一个是成本的上升，当然这个成本主要是包括劳动力、建材；还有一个是建设的条件比过去更困难了。

主持人：但是修农村公路的钱从哪来呢？比如说像您刚才已经讲到，在一些本来就比较贫穷落后的地区，包括西部地区，它本身条件也比较差、困难多，而且它的经济实力短时间内好像很难提升，这个时候谁来给他出修路的钱呢？比如说我们国家在这方面有一些特殊的政策，还是说到时候为了修这条路，定向拨这笔钱呢？

翁孟勇：应该说在2003年之前，国家直接对农村公路的投入是很少的，主要是依靠当地政府，甚至农民的一些投工投劳。到了2003年以后，我们国家农村公路建设资金的筹措主要以政府投入为主，同时也吸纳了一部分社会资金，有些农民有投工投劳的。政府财政性资金的投入，主要是包含了这么三个方面，一个是中央车购税的资金，第二个是国债资金，还有就是地方的财政配套的资金。当然农民包括村民们也用一事一议的方式采取投工投劳的方式弥补费用上的不足，参与农村公路的建设。此外，我们也鼓励农村公路的受益单位、企业和个人的捐助，也可以利用冠名权，包括路边的一些资源开发权、绿化权等方式，这个各地都有一些经验。

主持人：比如说树一个企业的宣传广告牌。

翁孟勇：对，有些是有冠名权，有些企业完全是公益性的投入。应该说国家这十多年来，对农村公路的投入是不断增加。我们从2003年到2013年的十年算，我们中央政府的车购税资金已经累计超过了3200多亿，这还不算地方政府的配套，应该说这个数字还是比较大的。所以2013年中央投资农村公路建设的资金，你看这个比例就说明了这个问题，我们71%用在了西部地区，很集中。在集中连片特困地区一共安排了车购税资金780亿元，在当地建了6.6万公里的农村公路，同时我们预测，大概是在整个“十二五”期间用于集中连片特困地区交通建设的中央车购税资金的总额将超过5100亿元，这是个什么概念呢？就是占到整个“十二五”期间公路建设车购税资金总量的一半。整个国家用于公路交通基础设施的车购税资金有一半我们用在了农村公路，而且是在农村、集中连片地区的农村公路建设。

主持人：我们既从国家的层面有这样的规划部署，对于这些比如说集中连片特困地区有很多的倾斜，对西部地区有倾斜，而且各级地方政府也已经在想办法。刚才咱们讲到是一些比较困难的地方农村公路建设的好的办法，我们也连线了云南山区的这位溜索大夫，他现在开上了车。我自己的感觉是听了这么多，确实真的很不容易，无论是本身当地老百姓对这种出行便利的渴望，还是在公路建设方面我们的推进步伐都是不容易。但是我现在在想，如果做一个对比的话，西部地区和东部地区，它的农村公路建设是不是情况实际上很不一样，应该说底子东部地区来说会好一些吧?

翁孟勇：应该是这样。

主持人：我们也请记者之前做了一组采访，我们来带大家到东南沿海有一组观察。

五年前江阴林岗开发区市民（江竖琴）在深港路上开了一家花店，虽然店面很宽敞，可是店门口的路给他做生意带来了不少麻烦。

江竖琴：这个台阶上不能停车，大家都停在两边，你说路本来就这么宽，然后停两边的话肯定会很挤，我有的时候就不走这条路的，我情愿从后面转一下。后来深港路进行了整体改造，老旧的水泥路变成了崭新的板油路。

江竖琴：停车也好停，出行也方便，下雨天的话也没有积水，省了很多很多烦心的事情。

话外音：农村公路提档升级，将道路向周边延伸，打破区间障碍。近两年，随着农村安置房小区的出现，许多农村道路围绕着安置房小区特别建造。这条路没修好之前坑坑洼洼不好走，现在修好了出行也方便了，小孩子上学也安全了。而在相对偏远的乡村，公路品质的提升更是给村民们带来了出行的便利。徐霞客镇红旗村村民葛盈盈从小在村里长大，如今又在村里当村官，对于村里道路的变化她的印象特别深刻。村里的主要道路现在都是两车道了，交车的时候也一点都不用紧张和担心，特别像我们这样的新手，以前我们都是大老远就停下来，要小心翼翼地开。还有就是小的时候一下雨出门都是一腿的泥，现在我们的村级道路基本上都是黑化的了，很舒服的，不会有坑坑洼洼。平整宽阔的盘山水泥路一直通到大理山村民卓延庆的家门口，他告诉记者，以前这里就是个世外桃源，走到山下的公路步行要三个多小时。

卓延庆：我在这个村住了几十年了，想下山只有爬山路，碰到雨天全身都是泥，你有一个急事儿想下去急都急死了。

话外音：交通不变不仅影响着村民出行，还影响着全村的村民收入。大理山全村耕地500亩，毛竹等山林面积却有13000多亩，但是由于交通原因这么丰富的毛竹资源却卖不出去。2003年龙游县开始大规模的农村公路建设，大理山通村公路经过一年多的艰苦建设，2004年下半年新修的十公里长的盘山公路顺利通车。现在开车上山只用半小时，赶集不用再走几个小时的山路，毛竹在家门口就能销售，孩子也不再因为上不了学而成为放牛娃，村里引进了一家石材公司，2005年大理山村还成了亚太汽车拉力赛的赛点，公路修得更高级了。头脑灵活的卓延庆就在山上办起了高山农家乐，现在路修好了，卖卖毛竹就是钱，来看拉力赛的、旅游到我们农家乐吃饭的，又有钱赚，一条路搞活我们大理山。

主持人：翁部长，刚才听了这段录音说实话我有点意外，这是说的江苏、浙江，应该是我们国家经济发展比较前列的省份了，但是他们讲的农村公路，现在已经很好了，在前些年情况也很糟糕，一出门要一身泥，下山要三个小时的时间。感觉应该在这些地方经济发达的省份，就像我刚才说的底子应该好一些，但是实际上，比如刚才说到江苏的江阴，浙江衢州的龙游县，十年左右之前一样是出行很不方便，在不同的地方，乡村公路可能会是不同的情况，也许会是不同的烦恼。说到这儿我们节目要再连线一位节目嘉宾，是浙江省交通厅的副厅长，省公路管理局局长李良福。李厅长您在线吗？

李良福：您好。

主持人：您好，刚才我们有一个录音的短片，讲到浙江这十年农村公路的变化，记者采访的地方选在浙江衢州的龙游县，那儿的村民就讲到，原来有三小时步行才能下山，现在开车半个小时就行，我不知道这个地方有没有代表性，是不是代表浙江农村公路十年来变化普遍的情况呢?

李良福：应该能够代表，我们浙江虽然是发达的省，经济强省，但是浙江的地理地貌不一样，浙江是七山一水两分田，所谓山多，衢州是山区，刚才说到这个情况确实如此。

主持人：所以说在浙江，像农村公路的建设主要的困难可能是什么，包括在最近这些年，比如说十年左右的变化过程当中是怎么解决这些困难的呢?

李良福：浙江七山一水两分田，当时我们习近平总书记在浙江当省委书记的时候非常关心农村的发展，他认为全面奔小康关键在农村，农村奔小康基础在交通，所以他这个时候就提出了农村康庄工程建设这么一个战略任务。浙江面对这个情况，我们当时资金困难，资金筹措难、政策处理难、技术保障难。资金难主要是什么说法呢？就是山区多了造价很高，平均一般十万、二十万就造下来了，我们都要三五十万，甚至七八十万，有的最高达到一百多万，所以造价很高就很困难。

主持人：比较难的一些问题。那解决的办法呢?

李良福：我们也采取了措施，一个是交通运输部，中央和我们省一块集中起来扶持地方，我们这十年来投入了132亿资金。另一方面地方政府非常积极，他们积极配套，利用各种渠道来加大这个地方财政的投入。第三个发动社会捐资，因为建路都是老百姓自己的事儿，所以企业单位、社会团体，包括很多企业个人，我们十一五期间社会各界就为农村公路建设捐资了4.5亿。

主持人：这方面的难题应该说基本上在过去一些年当中已经是迎刃而解了。

李良福：第二个政策上面，我们省厅、各级政府就加强对农村公路建设的技术指导，出台了很多政策文件、技术标准要求。第三建设的公路确保了质量和安全。第四个我们加强了廉政建设，所有农村公路建设都采取招投标、计量、工程拨付、工程审计层层把关，所以这十年建设当中，我们建了那么多农村公路还没有发现廉政方面的问题。这十年浙江一共全社会投入了将近370亿元左右，农村公路的总里程达到10万多，近3万个行政村都通达了水泥路和柏油路，3500多个农民兄弟享受到农村交通，那么以前高山蔬菜、高山水果，比如杨梅、西瓜，等等，在山上都运不下来，都烂在山上，现在农民不需要挑下来了，一些经销大户就上山上门收购，农民真正把资源优势变为经济的优势了。

主持人：听您这么一讲我们确实有了更直观的认识，非常感谢您李副厅长。翁副部长您听，刚才我们连线的是浙江省交通厅的副厅长、省公路局的局长李良福，比如说江苏和浙江这种地方的经验您觉得好推广吗？对我们国家其他的地方来说。

翁孟勇：这个问题我是这么看的，当然各地的发展水平、情况千差万别，但是我觉得有些基本的经验、做法，包括一些发展的理念是有相互借鉴作用的。比如，江苏和浙江，我觉得有一条经验他们就做得很好，比如他们在农村公路建设当中坚持了政府主导、交通主力、农民主体、各方主动。什么意思呢？过去农村公路建设再早一点是农民的事儿，后来我们认为交通部门应该管，现在是政府主导，交通当主力，主体是什么？农民当家做主受益者，也是具体的推动者，同时把社会的各个方面，就是您刚才说的筹措资金，包括借助社会力量，引进社会资金进来，共同参与农村公路建设。

主持人：刚才我们也说到了江苏浙江的一些例子，如您所说的可能在全国有更好地推广和实践的话，就能够取得更好的效果。各位正在收听的是中央人民广播电台《中国之声》正在直播的《政务直通》节目，今天我们的节目主题是农村公路，如果在听节目的各位有关于这方面的想法和问题，也可以通过我们的微博平台来参与我们的直播互动。

主持人：各位正在听到的是中央人民广播电台《中国之声》的《政

务直通》节目，今天我们节目主题是关于农村公路，而节目嘉宾是交通运输部党组副书记、副部长翁孟勇。翁副部长刚才我们既说到了西南又说到了东部的各种各样的情况，其实这些地方都在发生变化，各自也有不同的办法和经验。您也说了，比如东部的经验可能在全国很多地方可以推广去用，您作为交通运输部的副部长去过那么多的地方，像您说的我们国家建设农村公路的很多地方，看到那么多的故事之后，您总结下来，觉得我们国家目前在农村公路的发展方面，面临一些主要的矛盾和困难是什么?

翁孟勇：总书记说过，他说小康不小康关键看老乡，总书记在湖南湘西调研时还明确指出，他说贫困地区要脱贫致富，改善交通等基础设施的条件很重要。从全国农村公路的发展，我认为主要矛盾还是资金方面的困难，就是投入和需求的矛盾很大。尽管说我们这些年投入很大，但是面对着巨大的需求仍显得不足。那么从农村公路自身发展情况看，我觉得主要的问题首先是我们国家农村公路的覆盖广度和通达的深度还不够，就是面对这么大的农村、这么多的农村人口，你的路网规模还不够大。我们说通村了，但是自然村还没有到，通了平原村，山区村没有到，这是通达深度的问题。尤其是像中西部地区和集中连片特困地区，要实现全面小康社会的宏伟目标，我们感到这个任务还是非常艰巨的，这是一个方面的问题。其次，我觉得现在看，农村公路管理养护的矛盾也越来越突出。2006年之前我们已经建成300万公里的农村公路，按照时间看，现在这些路已经逐步进入了大中修，再加上每年我们国家东中西部幅员辽阔，极端天气的影响，各地频发的暴雨洪水，对农村公路的损坏都非常严重。同时这些年由于农村经济快速发展，农村公路上的重型车辆也在增多，因为过去农村公路建设的时候荷载没有考虑到重载车辆，这也就把许多新建的路面压坏了，这就影响了农村公路的使用寿命和质量，就是养护问题很突出。第三个问题就是安全，前面说了，我们广大农村公路，它的建设标准就并不高，而且农村公路不少还是在山区，山路崎岖，安全保障问题就多。所以近些年农村公路经常也有一些事故的发生。第四个是农村客运，因为我们修路的本质修到最后还是人便于行、货畅其流，不是为修路而修路，是要能通车。

主持人：今天翁副部长来跟我们讲农村公路的建设和发展，相信也给很多听众朋友重新梳理了我们的概念体系，看公路的发展可能又会是不一样的思路和角度，我们今天用不到一个小时的时间，已经从十年来中国农村公路的发展一路聊下来了，您能不能再帮大家画一个时间表或者做一个远景目标的谋划，比如说未来，可能又要经过多少年，我们又会看到什么样的变化，包括下一步我们的工作重点又是什么样的呢？

翁孟勇：下一步我们设想主要是抓好以下几个方面的工作，一个是要组织实施好“十二五”规划，因为这是我们当下在做的这件事儿。同时我们已经在启动编制“十三五”规划，要在这个规划里对农村公路未来的建设发展，特别是因为“十三五”规划关系到我们2020年全面小康目标的实现，所以可以说这是一个兜底的规划，我们原来预定的2020年实现的目标都应该体现在这个规划的实施方案中。第二个考虑要加大政策支持力度，我们将把西部地区、老少边穷和集中连片特困地区，作为农村公路的主战场，在“十三五”要通过进一步加大资金和技术的投入，确保2020年前实现全部的行政村要通硬化路、通班车、通邮，我们叫“三通”目标，来进一步提高农村公路的覆盖面和通达深度，当然我们鼓励有条件的地区要加大农村公路的联网工程和通村组的工程。第三要全面深化改革，把这方面的要求落实到农村公路前面提到的建设、管理、养护、运输的各个方面，充分地调动中央和地方的积极性，同时也要切实落实好地方各级人民政府的主体责任，这条我们是明确的，农村公路建设的主体在地方政府，督促地方研究出台促进农村公路的一些政策举措。第四个是在农村公路建设当中注意工程的质量和耐久性，因为前期建设的时候我们主要是想解决通的问题。

主持人：先让他有路。

翁孟勇：有路，能走。现在考虑这些路能够长期地服务于农村的经济社会发展，它的质量要求、耐久性、安保都很重要。最后要大力发展农村的运输，包括农村的客运和农村的物流配送。

主持人：听您讲了方方面面，应该说如果在听节目的有农民朋友的话，大家应该会觉得我们农村公路的未来方方面面都会有一个更大的发展、更多的变化。节目最后再利用一点时间，今天能够邀请您到我们节目当中来，作为在农村公路方面资深的一位业内人士，对未来农村公路的建设，有没有您自己发自内心的愿望，能够表达给大家的东西？

翁孟勇：习近平总书记最近给我们农村公路建设有一段非常重要，我认为是非常形象的批示。他说："交通基础设施建设具有很强的先导作用，特别是在一些贫困地区改造一条溜索、修一段公路，就能给群众打开一扇脱贫致富的大门"。我觉得总书记的指示讲得非常好，非常形象，对我们工作具有极大的激励。我们将认真贯彻落实党中央国务院关于三农发展的一系列重大决策部署，特别是认真贯彻落实好总书记的重要批示指示精神，在党中央国务院的领导下，和地方党委政府一起建设好、管理好、维护好、运营好农村公路，不断提升农村公路的安全水平、畅达水平和服务水平，我们说小康路上，绝不能让一个地方因农村交通运输问题而掉队，这是我们多年前讲过的一个口号，这既是我们的努力方向，也是我们的决心。

主持人：关于农村公路未来也很宽阔，路还很长，我们也跟各位一起在路上。非常感谢翁孟勇副部长做客《政务直通》，也感谢各位关注农村公路发展的朋友接近一个小时的收听和陪伴。

冯正霖解读我国农村公路现状及未来发展

主持人：各位网友，大家好。欢迎收看新华访谈。在“五一”之前，近期，新华社播发了长篇通讯《筑好康庄大道 共圆小康梦想——习近平总书记关心农村公路发展纪实》，这篇文章一经发出，在社会上引起了热烈反响。广大网友对农村公路助推农民致富奔小康的重要作用十分关注，对农村公路的发展前景也是充满期待。今天我们特别高兴邀请到交通部副部长冯正霖先生。冯部长，您好。[2014-05-15 15:06]

冯正霖：主持人好，网友们好。今年3月4日，习近平总书记对农村公路发展做出重要批示后，交通运输部迅速召开党组会议，认真学习和研究贯彻措施，对全交通运输系统落实总书记批示作出了部署。大家深深感到，习近平总书记的重要批示，充分肯定了十年来我国农村公路建设取得的成绩，农村公路在农村经济社会发展中的重要作用和今后我国农村公路发展的目标和任务；充分体现了党中央对人民群众的深切关怀，对交通运输加快发展、助推贫困地区脱贫奔小康的殷切期望，也是对全国交通运输系统干部职工巨大的鼓舞和鞭策，为我们进一步做好农村公路工作指明了方向，坚定了信心。[2014-05-15 15:07]

冯正霖：交通运输部党组决定，要把学习贯彻习近平总书记的重要指示批示精神，与当前正在深入开展的党的群众路线教育实践活动相结合，通过认真整改抓落实，进一步把农村公路发展作为改善民生、服务“三农”的重要内容，不断提升农村公路的安全水平和服务水平；不断完善政策，创新机制，深化农村公路管理体制改革。我们要把加快贫困地区，特别是集中连片特困地区的农村公路发展，作为当前贯彻落实习近平总书记重要批示的集中体现。将以更加坚定的改革精神，更加务实的工作作风，全力打好农村公路发展攻坚战。[2014-05-15 15:08]

主持人：刚才冯部长一上来就给我们介绍了我们所看到的新华社长篇通讯背后的一些故事，包括党中央对我们国家农村公路发展的关心以及对这件事情的关切。我们在很早就知道一句话叫“要致富、先修路”，对于广大农民群众来说，路的重要性对他们来说不言而喻。农村的发展经历了十年比较长的发展历程，在这中间也有突飞猛进的发展，也经过很多困难，我们慢慢来克服。走到今天，农村公路现状到底是什么情况？[2014-05-15 15:11]

冯正霖：我国大规模开展农村公路建设，是从2003年开始起步的。当时为了落实中央建设社会主义新农村的战略部署，交通部党组提出，“修好农村路，服务城镇化，让农民兄弟走上油路和水泥路”。应该说这个目标和口号很接地气，农民兄弟听得懂，就是要让它们走上油路和水泥路。在这个目标的指引下，在国家有关部委和地方党委政府的共同努力下，特别是社会各方面的积极参与，我们集中力量加快农村公路发展，组织实施了乡镇和建制村通达、通畅工程。所谓通达就是先把路通起来，通畅主要是修油路和水泥路，让它更方便地走交通工具。另外开展了一些专项工程，比如扶贫公路、农村渡改桥、危桥改造、乡村客运站点建设等，当时做到路通车通，让农民跟城市居民一样，能够享受到均等的公共服务。经过十年的努力，农村交通面貌确实发生了非常大的变化。我觉得有这样几个体会：[2014-05-15 15:13]

冯正霖：一是路网结构明显改善。十年来，全国新建改建农村公路310万公里，形象地说，相当于环绕地球赤道77圈。另外，新增农村公路通车里程240万公里，至2013年底，全国农村公路通车总里程达到了378万公里，基本上全国具有建制的村和乡都通了公路。作为"毛细血管"的农村公路不断延伸和加密，道路等级也日渐提高，路网结构逐渐优化完善，为“三农”工作提供了基础支撑。比如，浙江省实施的"乡村康庄工程"建设，这个工程的实施，现在已经使浙江省所有乡、村都通了油路、水泥路，行政村班车通村率达到94%，努力让农民“出门有路，抬脚上车”。[2014-05-15 15:15]

冯正霖：二是养护管理逐步加强。我们交通行业讲公路“三分建、七分养”。建设在表现形式上是热热闹闹，也很容易看到，比较容易出政绩，没有路马上通路了。但是养护就像人过日子一样，平平淡淡，年复一年，日复一日，需要淡定的工作精神。我们提出“建设是发展，养护管理也是发展，而且是可持续发展”的理念。国务院办公厅专门发过一个文件，叫农村公路养护管理体制改革方案，各地都在认真组织落实。总的来看，全国农村公路养护管理体制改革已取得了初步成效，为期三年的农村公路管理养护年活动开展顺利，县级政府在农村公路发展中的主体责任逐步得到落实。[2014-05-15 15:20]

冯正霖：三是安全保障水平稳步提升。“以人为本、以车为本”是多年来我部坚持的工作方针。为使老百姓走得更安全、更放心、更便捷，我部启动了以“消除隐患、珍视生命”为主题的农村公路安保工程和危桥改造工程，加强农村公路的标识、标线、护栏等安全设施建设。10年来，全国农村公路安保工程投入达147.6亿元，对近20万公里行车安全隐患路段进行了整治。农村公路危桥改造投入达244.8亿元，对1万多座危桥进行了改造。当前，农村公路交通安全状况正在得到改善。[2014-05-15 15:24]

冯正霖：四是农村客运发展成效明显。原来农民出行是没有班车的，就靠自己的拖拉机等客货混装方式，现在很多地方已经有了农村客运班车，享受到了公共财政的均等化服务的便利。现在全国已经开通了农村客运线路9.6万余条，全国乡镇和建制村通客车率分别达到99%和93%，这样农民在家门口就能坐上客运班车，农村客运线路和城市公交有条件的地方正在实现更好地融合。随着城乡公交一体化的进展，越来越多的农村人走出了乡村，越来越多的城里人走进了农村，推动了城乡融合，实现了和谐共赢。比如浙江，农村客运班线和城市乘坐公交车一样了，使得城乡客运公共服务均等化进一步提升。这十年发展，集中体现了农村不仅在出行上，在行车安全上、在农业生产生活水平上都得到了展现。我举个例子，交通运输部在一开始发展农村公路的时候，我们党组每个成员都要定联系点，第一批联系点是革命老区，就是要让革命老区的群众能够率先走出泥泞，当时我的联系点是贵州省遵义市湄潭县。我去调研了解农村公路建设发展的需求。在半山腰上正好看到4个农民抬着一头猪下来，猪是农民每年很重要的收入。我也问他们，我说怎么抬着下来？一年卖几头猪是他们主要的收入，但是没有路，我们只能雇人抬，他说这个猪有一半的钱就给这4个人了。所以我感到农民对农村公路的需求，绝不是简单的一种生活改善，更重要的是打开他的视野，打开他生活的条件和环境，特别是把经济能够搞活致富具体实施的一个重要措施。我最后一次去的时候，路已经打通了，农民确实很高兴。他跟我们讲，一个是收入明显增加了。为什么？不再会有抬猪的事了，猪的收入就是他们自己的了。另外，茶叶增值了。修了路以后，茶叶本身环境污染也少了，茶的品质也提高了。运输费用降低，现在车可以到村头采购。最后，还办了很多农家乐。我觉得这件事中央决策非常正确，而且在我们大家的努力下，农民确实感受到了改革开放的成果。[2014-05-15 15:34]

主持人：在冯部长来之前，包括我在准备这场访谈时，我和很多网友一样对农村公路的发展，脑子里是没有具体概念的。但是通过刚才冯部长的介绍，尤其是最后给我们举的小小例子，我们能够感受到农村公路发展对农村公路所辐射的这些乡镇村有多大的作用，真的是一个非常好的惠民工程，真的能让我们农民兄弟感到实惠。那十八大之后，农村公路发展有哪些新的形势？[2014-05-15 15:35]

冯正霖：党的十八大以来，特别是2013年，我们认真贯彻中央全面建成小康社会的战略部署，提出了"小康路上，绝不让任何一个地方因农村交通而掉队"的新目标，继续把农村公路的发展作为交通运输工作的重中之重，以农村地区、贫困地区、集中连片特困地区作为主战场，开展集中攻坚，争取在2020年能够基本把贫困地区、集中连片特困地区的公路这场硬仗打下来。当然也有一些具体措施：一是建设投资大幅增加。农村公路不像其他高速公路或者国道，可以采取社会融资的方式。农村公路投资主要还是公共财政的支撑，中央和国家，加上发挥农民自身的积极性，2013年全国共完成农村公路建设投资2495亿元，同比增长16.3%。其中中央车购税投资677.6亿元，增长47.3%，占全年公路建设车购税总投资近三分之一，也就是说三分之一投入到农村公路建设上。[2014-05-15 15:38]

冯正霖：二是建设成果继续扩大。2013年新改建农村公路21万公里，解决了150个乡镇和1.64万个建制村通沥青（水泥）路的问题。三是管养工作扎实推进。全国98.14%的农村公路列入养护范围，99.92%的县、92.85%的乡镇成立了农村公路管养机构，就是有人专人专门机构来管理农村公路的问题，实现了“有路必养”。四是交通扶贫成效显著。我们大幅提高了中央补助标准，2013年共安排481亿车购税资金，建设集中连片特困地区农村公路6.6万公里。全年集中连片特困地区总体完成公路建设投资3185.14亿元，增长18.8%，占全国公路建设投资23.3%。五是安全基础设施逐步完善。全年共改造农村公路安全隐患路段4.24万公里，危桥20.7万延米/3110座，改造渡口4.8万延米/1589处。同时，像云南和贵州很多地区就隔着一个沟，可以喊话，但见不到面，我们现在在云南、贵州等六个城区开展了溜索改桥工程，让老百姓更安全，更便捷地走出大山。[2014-05-15 15:38]

冯正霖：六是农村客运发展步伐加快。全国99%的乡镇和93%的建制村通了客运车辆。其中，西部地区农村客运发展更快，共开通农村客运线路3.6万条，同比增长5.8%。实际上农村客运线路，如果到农村去就会了解，农民的出行不像城市居民出行，农民出行是不定行的，加上本身驻村人员结构也不像过去，所以农民出行的需求是多样化的，如果按照城市客运班线定点发，经济上也是很难承受。所以我们采取因地制宜，从实际出发，采取热线绑冷线，就是客运公司要开展一些热线营运就往农村延伸一点。还有就是看农村客运需求，不是天天发，但是他要赶集的时候一定要发赶集班车。比如节假日他走亲访友的时候，灵活安排一些班线，相对固定的一些线路。一是保障农民安全出行，另一方面让农民感到班线是有保障的。[2014-05-15 15:40]

主持人：冯部长介绍了农村公路发展的一些现状，也有一些数据，大家听了这些数字很惊叹，但是这个数字的发生是慢慢而来积累的过程，交通部门在这里真的做了非常多的贡献，包括有很多县乡的党和政府都做了很多默默无闻的工作。我们从实际情况来看，加快农村公路发展对服务

“三农”到底有多大的作用？把这方面的情况给我们介绍一下。[2014-05-15 15:41]

冯正霖：在这一点上，习近平总书记有一段非常深刻的批示，习近平总书记讲，交通基础设施建设具有很强的先导作用。特别是在一些贫困地区，改一条溜索、修一段公路就能给群众打开一扇脱贫致富的大门。这就非常形象地阐述了农村公路对农村发展、农民致富奔小康的重要基础性推动作用。你刚才讲到，有一句话叫“要致富，先修路”，我个人对这个话辩证的说，要想富，先修路，没有路肯定富不了，但是有路不一定富。所以它的基础还是要想富，先修路。可能富的方式，受当地自然条件，包括产业结构、资源的配置，等等。首先把路修通，这是最基本的条件。特别是在一些贫困地区，公路交通是当地唯一的出行方式，不管是走亲访友、赶集，还是农产品的买卖、生产资料的购置，都还是要通过公路交通的方式来实施的。所以说为了让民群众能够更快地走上致富之路，告别“晴天一身土、雨天一身泥”的“温饱”状态，加快进入“出门水泥路，清新进家园”的“小康”生活步伐。从这个角度讲，农村公路发展不仅是农民本身生活条件改善的问题，同时也会优化农村地区的投资环境，加快缩小城乡差距，推进新型城镇化建设和城乡一体化进程。[2014-05-15 15:43]

冯正霖：农村公路本身对农民生活条件的改善，我刚才举了一个例子。对农村本身投资环境的改善，也有很多例子。我们最近到湖北、广西、江西一些地方，都能看到农家乐，发展得非常好。农家乐一个重要条件的支撑就是要有路，当路的条件好，环境改善，农民能有条件接待从城里来的游客来观光消费的时候，其实农村公路起了最重要的基础性作用，因为他能自驾游去了，班车能去了。城市居民的消费方式，到农村去旅游度假，对农民来讲也是一种文化的交流，对农民来讲本身也是一种眼界的开阔。所以城乡交流是通过路的交涉，通过车的流动来实现的。这一点上，农村公路的作用也是不可小视的。比如最近媒体报道比较多的，独龙江隧道贯通。今年4月10日，习近平总书记也作了重要批示。这个隧道的贯通，让深处大山的独龙族到贡山县城的时间由两到三天缩短至三个小时。非常凑巧，隧道贯通当天晚上，就帮助一名被烧伤的独龙族小女孩及时送往医院救治。如果说这条路不打通，这个小女孩很可能就夭折了。所以路的功能不仅在致富层面，还具备提升整个民族开放意识、文化交流等诸多作用。 还有一个黑龙江是国家商品粮基地，应该说也是得益于农村公路的发展。农业以前是包产到户，现代农业的实施，需要大科技、大机械、大水利，也需要农村公路来连通，这样才能有市场空间。特别是农村合作社的不断涌现，我们叫发展现代农业，发展规模农业的组合拳，在这方面也同样体现出要有路，才能使机械下去，才有可能使小片的耕种变成大规模的耕种，使农业企业能够到田头，跟农民组成新型的生产关系，不仅是发挥土地耕地本身的作用，也对改变农业生产结构，探索新的农业发展模式提供了一种基础支撑。例子不胜枚举，这些成果都是农村公路建设带动“三农”发展的一个缩影。[2014-05-15 15:48]

主持人：尤其是刚才您讲到被救的小女孩，农村公路不仅仅意味着农村经济实力的建设，也包括很多其他方面，关乎农民老百姓内心的一些真正的体会。农村公路发展，我们看到了很多成果和数据，但是这些方面经历了十年磨一剑的艰难。那您有什么经验可以跟我们网友分享。[2014-05-15 15:49]

冯正霖：农村公路是广大农民群众看得见、摸得着的民心工程。一条条农村公路让农业更加繁荣兴旺，让农村更加贴近城市，让农民生活更加幸福安康。同时，农村公路更是政府与农民心连心的德政工程。很多地方因为农村公路的快速发展，使干群关系更加紧密，“干部威信高了，群众怨言少了”，“农民说话分量重了，干部工作干劲足了”。[2014-05-15 15:48]

冯正霖：回顾这些年农村公路的实践，总结各地的做法,可以总结为“六个得益于”。一是得益于党中央、国务院的正确领导。党中央国务院从广大农民最关心、最直接、最现实的利益出发，出台了一系列指向明确、作用直接、见效迅速的政策措施。围绕“三农”问题，中央连续多年发了一号文件，这些支农、惠农政策对解决好农村公路发展问题指明了方向。[2014-05-15 15:50]

冯正霖：二是得益于广大农民群众的支持。农民群众既是农村公路的直接受益者，也是推动农村公路发展的主力军。没有老百姓的热情参与和大力支持，农村公路不可能发展得这么快。我们十分注重调动群众建路、养路、爱路、护路的热情和积极性，先后提出了维护农民利益的“六要六不要”（一要采取“一事一议”的办法，不要修农民群众不想修、不愿修的路；二要适当简化程序，不要盲目照搬重点工程建设程序；三要合法筹集建设资金，不要强行摊派、集资；四要依法征地拆迁，不要随意降低补偿标准；五要选择合理线形，不要随意征用农民宅基地和耕地；六要尽可能利用已有土源和料场，不要乱采乱挖）、“四个不准”（不准违反“一事一议”原则强行集资；不准将多年需征集的集资款一次性征集；不准拖欠农民工工资；不准代扣应给农民的各类补助款）等措施。近日，我部又出台了《关于推行农村公路建设“七公开”制度的意见》，将人民群众最关心的农村公路建设规划、资金使用等七个方面的重点环节及时向社会公开，主动接受群众监督，使人民群众始终是农村公路的拥护者、参与者和生力军。[2014-05-15 15:50]

冯正霖：三是得益于坚持从实际出发的发展思路。从农村地区经济社会发展的不均衡性、各地自然条件的差异性、农村公路点多面广等实际情况出发，因地制宜地确定发展目标、建设重点、技术标准，制定了政策措施，创造性地开展工作。统筹东中西部地区的协调发展，统筹建管养运的协调发展，统筹城乡的协调发展，不断地提高区域发展的协调性和基本

公共服务的均等化水平。[2014-05-15 15:51]

冯正霖：四是得益于政府主导、齐抓共管的建设模式。中央政府大力支持，地方政府认真落实主体责任，调动和发挥相关部门和全社会的积极性和创造力，使农村公路由部门行为向政府行为转变，由行业行为向社会行为转变。工作过程中，我们还注重强化群众观点，走群众路线，从群众立场出发考虑问题，始终将“修农民真正需要的路”作为我们工作的出发点和落脚点。[2014-05-15 15:51]

冯正霖：五是得益于多策并举的资金保障机制。各级交通运输主管部门始终把农村公路作为重点工作全力推进，坚持一把手亲自抓，分管领导靠上抓，克服税费改革带来的资金压力，多措并举，千方百计筹措资金，不断加大投入，全力保障农村公路建设养护需要，农村公路投资规模逐年扩大。[2014-05-15 15:52]

冯正霖：六是得益于改革创新和积极探索。我们根据农村公路的特点，注重建设管理体制和机制创新，积极探索符合我国国情的农村公路管养体制。农村公路的每一步发展，取得的每一个成果，背后都映射出一次次改革递进和探索创新的轨迹，为农村公路的发展提供了持久动力。[2014-05-15 15:52]

主持人：农村公路发展在很多方面都进行了政策上的先导铺垫，在建设和养护时能够有一些依据。我们刚才说了很多成绩，但是说到成绩的同时可以想见，由于我国地域辽阔，农村差异非常大，那农村公路在建设上还是困难重重，那在下一步工作中还会面临哪些困难？有哪些是可以预计的，还有哪些是没有预计到的。[2014-05-15 15:53]

冯正霖：知道困难在哪儿，问题在哪儿，才能明确工作方向。我们在总结农村公路十年发展成效的同时，确实感到农村公路工作虽然取得了明显成效，但是困难和挑战依然存在，而且还是很大的。一是农村公路建设压力依然很大。尽管说到全国农村公路达到378万公里，99%的乡镇和93%的新农村都通了公路，但是依然是整个国家城乡交通的短板，特别是在西部地区，比如说建制村通沥青（水泥）路率截至2013年底仅为65.04%，与《中国农村扶贫开发纲要（2011~2020年）》要求“十二五”末期达到80%的目标任务还有差距。近些年来建设成本攀升非常快，近五年来已翻了一番，所以需要筹措更多资金来解决建制村通公路的问题。[2014-05-15 15:54]

冯正霖：二是农村公路管养问题依然突出。“十五”末建设的300万公里农村公路，早已进入大中修养护高峰期。艰巨的养护任务和资金不足的矛盾日益尖锐和突出，县级人民政府的主体责任虽基本落实，但其财力难以支撑起农村公路发展的重任，一些地方已出现“油返砂”问题，管养长效机制建设任重而道远。 三是农村公路交通安全形势依然严峻。农村公路安全防护设施历史欠账多，早期建设的农村公路技术标准低、缺少安全防护设施的现象比较普遍，加之农村地区交通安全意识淡薄，机动车安全性能不高，交通安全监管薄弱，农村地区交通安全形势还是严峻的。四是农村客运服务均等化尚有差距。受客流、路况、成本、政策扶持等因素影响，农村客运存在安全风险大、运行成本高、利润空间小等难题，运输企业缺乏发展后劲和动力，服务水平不能满足农民群众日益提高的出行需求。对于这些问题，我们将抓紧研究解决。[2014-05-15 15:56]

主持人：下一步，交通运输部贯彻落实习近平总书记重要指示批示精神、加快农村公路发展的举措有哪些？[2014-05-15 15:57]

冯正霖：习近平总书记多次强调，没有农村的小康，就没有全面的小康。小康不小康，关键看老乡。我们将在现有工作的基础上，按照习近平总书记提出的进一步把农村公路“建好、管好、护好、运营好”的“四好”新要求，认真落实中央的惠农政策，充分发挥中央和地方两个积极性，因地制宜、以人为本，与优化村镇布局、农村经济发展和广大农民安全便捷出行相适应，加快推进综合交通、智慧交通、绿色交通、平安交通等“四个交通”发展，着力提高农村公路的发展质量和通畅水平，更好地服务城乡统筹发展。[2014-05-15 15:59]

冯正霖：一是继续坚持把农村公路建设作为重点任务，构筑和完善农村公路基本公共服务体系。特别是围绕2020年全面建成小康社会的目标，适应新型城镇化、农业现代化发展新要求，统筹区域协调发展，重点加大对西部地区、集中连片特困地区农村公路建设资金、技术的投入，加快实施东中部地区农村公路提级改造、连通工程，进一步优化农村路网布局，推动农村公路与城镇化、村镇行政区划调整、扶贫搬迁、土地开发和综合治理协调衔接，相互促进，发挥路网综合效益。[2014-05-15 16:01]

冯正霖：二是坚持把贫困地区特别是集中连片特困地区作为主战场，坚决打好交通扶贫攻坚战。要认真实施《集中连片特困地区交通建设扶贫规划纲要（2011-2020年）》，加快集中连片特困地区农村公路建设。到2020年，集中连片特困地区“外通内联、通村畅乡、班车到村、安全便捷”的交通运输网络将基本形成，交通运输基本公共服务主要指标将接近全国平均水平，将能够适应区域经济社会发展和全面建设小康社会的总体要求。 三是坚持把实施“溜索改桥”工程作为当务之急，尽快告别“溜索时代”。加大资金和技术支持力度，加快推进《溜索改桥建设规划（2013~2015年）》的实施，计划到“十二五”末，将四川、贵州、云南、陕西、甘肃、青海、新疆等7省（区）的289对溜索改造成221座车行桥和68座人行桥，并配套建设约860公里连接道路，改善904个偏远建制村的出行条件。[2014-05-15 16:03]

冯正霖：四是坚持把保障人民群众安全出行放在第一位，持续提高农村公路的质量和安全水平。把公路发展的重点转到可持续发展上来，农村公路不仅注重可通性，转到更加重视可靠性、安全性，提高工程的耐久性。[2014-05-15 16:05]

冯正霖：五是坚持大力发展农村客货运输，不断推进城乡客运一体化和农村物流发展。统筹城乡客运资源配置，完善城乡客运一体化发展政策措施，特别是有条件的地方，鼓励城市公交向城市周边延伸覆盖，农村客运线路和城市公交线路对接，完善农村客运公共财政保障措施，不断提高农村客运通达深度、广度和服务水平。我们也将充分发挥大部制的优势，统筹更多的资源。如鼓励各地统筹交通、商务、供销、邮政等农村物流资源，加快完善县、乡、村三级农村物流服务体系，使农民的运输成本更低一些，效益更好一些。[2014-05-15 16:07]

冯正霖：六是坚持深化农村公路管理体制改革，为农村公路建设和农村交通运输可持续发展提供体制机制保障。优化农村公路建设模式，抓好运行管护，提高农村基础设施建设、运行、管护效能，构建责任明确、运转高效的管理体制和运行机制，服务群众安全便捷出行。建立农村公路绩效评估和成效考核体系，落实县级政府在农村公路建设管理养护中的主体责任。[2014-05-15 16:08]

冯正霖：总之，我们将以落实习近平总书记对农村公路发展的重要批示为新的起点，大力加快农村公路交通的发展进程。我们相信，农民群众的出行将会更便捷、更安全，农民群众一定会共享小康社会的建设成果。[2014-05-15 16:09]

主持人：非常感谢冯部长今天给我们做的详尽解读。我相信很多网友朋友们，无论您是不是在农村，看了我们今天的访谈，听了冯部长的介绍，心理都会感到暖洋洋的。我们农村公路的发展真的像冯部长所讲的，不仅仅是代表农村经济发展的通道，更能让农民朋友们敞开心扉、大开眼界，让他们自己的特产能够运到外面，提升自己的经济实力。冯部长说的这些以及做出的承诺，都是贯彻了总书记的讲话指示和批示精神。我们相信，农村公路的发展在未来一定能取得更加辉煌的成绩，让每个农民朋友都享受到农村公路发展带来的便利。[2014-05-15 16:11]

冯正霖：我们有这个信心，我们也能完成这项任务。[2014-05-15

16:11]

主持人：再次感谢冯部长作客新华网跟我们交流了这么多内容，也感谢网友的收看。[2014-05-15 16:12]

冯正霖：谢谢网友，谢谢主持人。[2014-05-15 16:12]

主持人：谢谢冯部长。[2014-05-15 16:12]

（2014年5月15日 来源：新华网）

（三）通知

交通运输部办公厅关于深入学习贯彻习近平总书记重要批示精神　进一步加强农村公路宣传工作的通知

（厅政研明电〔2014〕10号）

为深入学习贯彻习近平总书记关于农村公路建设工作的重要批示精神，进一步做好2014年农村公路宣传工作。现将有关事项通知如下：

一、指导思想

贯彻落实十八届三中全会精神和习近平总书记重要批示精神，围绕服务社会主义新农村建设和城镇化建设，大力宣传农村公路发展取得的经验和成就，进一步突出农村公路对优化村镇布局、促进农村经济社会发展和农民致富奔小康的重要作用，彰显交通运输部门“小康路上，绝不让任何一个地方因农村交通而掉队”的决心。

二、宣传主题

以十年来交通运输部门按照中央“三农”部署，集中力量加快推进农村公路发展，为广大农民致富奔小康提供交通运输保障为主题，以正面宣传为主、多层次、多角度、全方位展示各地坚持因地制宜、以人为本，加强农村公路建设、管理、养护、运营等方面的好措施、好做法、好经验，体现农村公路推动农村经济社会发展、服务农民致富奔小康的基础性、先导性地位和作用，大力宣传交通运输部门在推进农村公路发展中涌现出的先进典型和事例。

三、总体要求

（一）加强组织领导。各地交通运输主管部门要充分认识学习贯彻习近平总书记重要批示精神、总结宣传农村公路发展成就的重要意义，把农村公路宣传工作作为今年宣传工作的重点，指定专门机构和人员负责，结合本地区实际，制定宣传方案。

（二）做好支持保障。各地交通运输主管部门要将宣传工作纳入农村公路工作全局，为宣传工作提供人力、物力、财力等方面的支持保障，积极搜集整理新闻素材，推荐本地区具有典型示范意义的农村公路宣传线索，积极配合、支持部统一部署的宣传采访活动。

（三）创新载体和形式。通过人物专访、现场采访、体验式报道等多种方式，综合运用报纸、电视、广播、网络、微博、微信等媒体手段，充分发挥中国交通报等行业主流媒体的作用，扩大传播覆盖面，形成强大宣传声势。

四、具体安排

深入贯彻落实习近平总书记重要批示精神，进一步加大农村公路工作宣传，是当前以及今后几年行业新闻宣传工作的重点。今年将重点组织以下几个方面的宣传工作：

（一）做好深入学习贯彻落实习近平总书记重要批示精神的宣传。各省级交通运输主管部门要通过领导专访、署名文章、专题会议报道等形式，围绕贯彻落实习近平总书记重要批示精神谈思路和措施。

（二）做好农村公路发展成就报道。各地要加强与媒体的沟通，精心策划，通过典型事例、典型人物，宣传农村公路发展十年来取得的经验和成就。部将组织中央和行业媒体深入基层实地采访。

（三）中国交通报等行业媒体要加大宣传力度，组织专题策划，系统宣传报道农村公路建管养运的成就、经验和先进人物。自5月份起组织开展“深入学习贯彻习近平总书记重要批示精神、推进农村公路新发展”专栏，推出《农村公路发展成就特刊》，各地要充分利用行业主流权威媒体的传播平台，加强组织协调，积极配合有关采访活动，确保宣传效果。

（四）部在交通运输部在部政府网站和中国交通新闻网开辟宣传专栏，持续关注农村公路发展。以文字、图片、视频等形式报道农村公路新思路、新举措、新成效。

（五）部组织拍摄电视纪录片《路游乡村》。按照地区和地域相结合的创作思路，通过真实的画面全景展现中国农村公路发展成就。

交通运输部办公厅

2014年4月29日

三

各地贯彻落实
习近平总书记重要批示精神

（一）省领导谈农村公路

让小康之路在云岭大地延伸

——访云南省委书记秦光荣

人民日报

2014年元旦前夕，习近平总书记得知云南省独龙江公路隧道即将贯通的消息后，立即作出批示，向独龙族的乡亲们表示祝贺。他对独龙江公路隧道贯通后，帮助独龙族同胞“与全国其他兄弟民族一道过上小康生活”，寄予了很高的期望。云南省委书记秦光荣说：“习近平总书记的批示犹如春风化雨，为推动云南省农村公路建设，实现千百年来云南各族人民走出大山的梦想增添了强大动力。”

国家主席习近平任免驻外大使

落实习近平总书记重要批示精神

交通部 建好农村公路 助推脱贫致富

云南省 拉长农村短板 促进经济发展

不断提升打击侵权假冒工作水平

确保全面完成今年铁路建设任务

强化督查整治 狠抓工作落实

让小康之路在云岭大地延伸

失业者创业减税近万元

政策解读

云南是一个封闭的内陆高原省，山区半山区面积占国土总面积的94%，严重制约了云南与外部的交流和交往。秦光荣深情地告诉记者："云岭山乡的公路连着总书记的心。"他回忆，2008年习近平同志在云南调研时就作出加快乡村道路建设的重要指示。

秦光荣介绍，近年来，云南省委、省政府把农村公路建设工作作为交通工作的重中之重来抓，加大对农村交通建设的投入，截至去年底，全省农村公路总里程达18.9万公里，一定程度上缓解了农村的"出行难""运货难"。但云南一些山区路不通的现象仍然存在，成为山区各族人民奔小康的一大障碍。秦光荣说："不通路，挡住了老乡的视野，看不到大山外的精彩世界；不通路，割断了老乡与外界的联系，难以融入现代生活；不通路，村里的山货运不出去，阻挡了脱贫致富步伐。"

修路是云南发挥区位优势的大课题，是保障群众幸福生活的大民生，是云南实现科学发展和谐发展跨越发展的大举措。秦光荣表示，云南省将坚持以习近平总书记的重要批示精神为指引，按照"州市高速路、县县二级路、乡镇柏油路、村村硬化路"的目标，加大云南农村公路建设，让小康之路在云岭大地不断延伸。

今年云南省将重点推进贫困地区农村交通发展，加快集中连片特困地区农村公路建设步伐，力争完成新改建农村公路1万公里。秦光荣满怀信心地说："我们将以农村公路建设为抓手，加快推进兴边富民工程，建设美丽乡村，全力开创云南城乡共同繁荣新局面。"

（《人民日报》2014年4月30日2版）

建设小康路 实现小康梦

——访贵州省委书记赵克志

贵州山高谷深、沟壑纵横，是全国唯一没有平原支撑的省份，交通问题是制约发展的最大瓶颈。贵州省委书记赵克志说：“我在农村调研时，农民反映最强烈的就是路的问题。要想富、先修路，解决贵州贫困问题、‘三农’问题，首先要解决路的问题。”

2 要闻 人民日报

李克强主持召开国务院常务会议

李克强签署国务院令 公布修订后的《中华人民共和国商标法实施条例》

落实习近平总书记重要批示精神

千亿元疏通乡村“毛细血管”

建设小康路 实现小康梦
——访贵州省委书记赵克志

电信业六月起试点营改增

焊花里绽放精彩

“2011年5月，习近平同志到贵州视察工作，指示我们要进一步加大农村道路等基础设施建设力度，不断夯实农业、农村可持续发展的基础。党的十八大以来，总书记又多次对农村公路发展作出重要批示和指示。”赵克志说，“深入学习领会总书记一系列重要批示和指示精神，我们充分体会到了总书记对农村情况的深刻体察、对‘三农’工作的高度重视、对农民群众的亲切关怀，也让我们找到了加快贵州农村公路建设、解决贫困问题的根本遵循。”

赵克志告诉记者，党中央、国务院和国家有关部委对贵州农村公路建设给予了大力支持，“十二五”前三年，中央支持贵州交通建设资金达526亿元，是“十一五”时期的1.8倍。在中央的大力支持下，贵州把交通基础设施建设作为事关全局的重大战略任务，坚持一手抓高速公路和国省干道改造建设，着力打通交通“主动脉”；一手抓基础设施向县以下延伸，完善农村公路“毛细血管”。“十二五”以来新增农村公路里程近2万公里，总里程接近16万公里。到去年底，贵州实现了“乡乡通沥青路、村村通公路”的目标。

赵克志介绍，2012年贵州启动了交通建设“三年会战”，确保到“十二五”末实现县县通高速公路。2013年启动了“四在农家·美丽乡村”基础设施建设六项行动计划，大力建设小康路、小康水等六项基础设施。今年贵州将建成通村沥青（水泥）路1.4万公里。

当前，贵州已经进入后发赶超、加快全面小康建设的重要阶段。赵克志表示，贵州将深入学习贯彻习近平总书记的重要指示精神，通过创新体制、完善政策，进一步把农村公路建好、管好、护好、运营好，用三到四年时间实现“村村通油路、村村通客车、组组通公路、村寨路硬化”，逐步消除制约农村发展的交通瓶颈，为广大农民群众脱贫致富奔小康提供更好的保障。

（《人民日报》2014年5月1日2版）

建设农村路　破解蜀道难

——访四川省委书记王东明

人民日报

“蜀道难，农村道路更难。”四川农村地区特别是贫困地区、民族地区地域广阔，落后的交通条件成为脱贫致富的最大制约。学习贯彻习近平总书记关心农村公路发展的一系列指示精神，特别是去年5月来川考察时对大力改善农村交通基础设施条件的明确要求，四川省委书记王东明说，四川将进一步加大农村公路建设力度，破解农村奔康致富的“蜀道难”。

要闻

商标注册，可分割申请

第一高隧贯通

境外企业生产乳品未经注册不得进口

落实习近平总书记重要批示精神

打通民族地区“路瓶颈”

建设农村路　破解蜀道难

青春在深海闪亮

“贫困地区发展滞后，一个突出表现就是交通条件的落后。”王东明介绍说，四川还有320个乡镇不通油路、781个建制村不通公路，全部集中在藏族、彝族等少数民族聚居地区。在去年新解决52个村通公路、2603个村通油路和水泥路的基础上，针对重点地区和薄弱环节，四川继续大力实施秦巴山区、乌蒙山区、大小凉山彝区、高原藏区“四大片区”扶贫攻坚行动，把交通建设作为突破口，规划2013年到2017年投入325亿元、建设农村公路4.3万公里。重点实施甘孜州和凉山州三年交通大会战，计划到2015年新改建农村公路和干线公路1.5万余公里，尽快结束部分乡村不通公路的历史。同时，规划“溜改桥”98座，惠及27万多贫困群众。

王东明谈道，落实习近平总书记“建设美丽乡村，是要给乡亲们造福”的要求，四川坚持交通先行，把农村公路建设作为统筹城乡、改善民生的重要抓手。各地结合城乡规划布局和新农村建设，同步规划和配套建设基础设施，推动交通等公共服务向农村延伸，增强对城乡一体化发展的支撑作用；推进新一轮60个新农村示范县建设，推进彝家新寨、藏区新居、巴山新居建设，配套建设农村公路近9000公里，促进农村发展条件和人居环境改善，拓宽产业发展路子，提高增收致富能力，努力实现便民利民富民。

按照“对外构建快捷大通道，对内形成便利交通网”的思路，四川规划到2017年改扩建国、省干道5000公里以上。王东明介绍，在力争实现全省干道通车里程逾3.5万公里的同时，四川着眼解决“最后一公里”问题，下大气力实施干线公路联网畅通工程，抓好农村公路末端建设，构建起互连贯通、通村达户的公路网络。围绕“把农村公路建好、管好、护好、营运好”的新目标，大力实施农村公路改善工程，力争到2020年实现全省所有乡镇通油路和建制村通公路，为同步小康提供有力保障。

对此，王东明满怀信心：“我们相信，只要勇担为民之责，逢山开路、遇水搭桥，不断开创农村公路建设新局面，就能让四川广大农民的小康之路越走越宽广。”

（《人民日报》2014年5月2日2版）

铺就农村美好生活康庄大道

——访浙江省委书记夏宝龙

谈起习近平总书记对农村公路发展的重视，浙江省委书记夏宝龙深有感触：“浙江农村公路发展能有今天，凝聚着近平同志的心血。”

2 要闻 人民日报

第十八届“中国青年五四奖章”揭晓

全国优秀团员、团干部和先进团组织受表彰

生死相携一瞬间

落实习近平总书记重要批示精神

浙江省

公路拉近城乡 交通带来发展

铺就农村美好生活康庄大道

——访浙江省委书记夏宝龙

并肩，向暴恐分子出击！

体验

“过去十年浙江农村公路的发展，以及由此带来的变化说明，农村公路离农民越近，闭塞和贫穷就会离农民越远。”夏宝龙说。

夏书记回顾了浙江公路建设的沧桑：浙江“八山一水一分田”，崎岖的地形，让偏远山区通路曾是梦想。2003年，以习近平同志为书记的浙江省委作出实施“千村示范、万村整治”工程的决策部署，由此拉开美丽乡村建设的序幕。当年9月，习近平同志到浦江县下访接待群众，群众的心声就是盼望农村公路发展！为此，次年“千万村工程”工作现场会上习近平同志特别强调，将建乡村公路、清万里河道、抓农民饮水等举措需纳入“千村示范、万村整治”工程建设。从此，浙江在全国率先实施“乡村康庄工程”，开展通乡通村公路建设。2011年底，全省实现公路“村村通”。截至2013年末，全省农村公路通车里程达10.5万公里，年均增长近30%，占全省公路里程的91.3%，行政村班车通村率达93.6%。

“浙江的经验是，把农村公路建设与优化村镇布局、农村经济发展和广大农民安全便捷出行结合起来，农村公路就能成为富民之路、利民之路。”夏宝龙说，农村公路的快速发展，为繁荣农村经济和改善农民生活奠定了基础，注入了强大动力。有了这样的基础和动力，政府顺势而为，合理引导，全面建成小康社会的步伐就会大大加快。浙江始终坚持民意为先，在农村公路建设中以人为本，倡导由民主张、由民管理、由民支撑、由民监督、由民评定五个原则，受到群众拥护。农村公路建设的推进，改善了人流、物流、信息流渠道，促进了效益农业、乡镇工业和旅游服务业蓬勃发展，农村产业结构不断优化。

夏宝龙介绍说，浙江坚持政府和市场相结合、国有和民营齐发力，深化农村公路建设管理领域改革，积极探索具有农村特点的公路运行和发展机制。农村公路建、管、养、运一体化，农村客运蓬勃发展，农村公路真正成为大交通网络中灵敏的“神经末梢”，为惠及农村更优的教育、更好的医疗、更高的收入、更快的物流奠定了坚实基础。

他强调：“通乡通村公路是民心工程、德政工程。建好了路还不够。农村公路运营好，对农村的辐射和服务才能好，也才能不断延伸幸福民生之路。”

（《人民日报》2014年5月3日2版）

筑起美丽乡村幸福路

——访湖北省委书记李鸿忠

人民日报

湖北省委书记李鸿忠说，习近平总书记对农村公路建设作出的重要批示，为我们指明了方向，增强了我们加快农村公路建设的信心和决心。

李鸿忠介绍，湖北省委、省政府高度重视农村公路建设，连续11年将其纳入“十件实事”对社会公开承诺，不断加大工作力度，积极探索湖北特色的农村公路建养模式，广大农村特别是贫困地区交通运输条件明显改善。一条条农村公路，缩短了农村与城市的距离，也拉近了党和群众的距离，让政府的“民生工程”变成了群众交口称赞的“民心工程”。

4 要闻 人民日报

中央军委领导到军队第二批党的群众路线教育实践活动联系点调研指导工作

全国共青团员8949.9万名

京郊乡村游成“五一”首选

最美的青春留在车间

落实习近平总书记重要批示精神

湖北省

连片特困山区的“一号工程”

筑起美丽乡村幸福路

——访湖北省委书记李鸿忠

查超职数配备干部2万余人

休息站温暖户外工人

文明从细节做起

话剧再现青年支教

劳动者之歌

李鸿忠介绍，湖北把4个集中连片特困地区作为农村公路建设的主战场，带着高度的政治责任感扶贫，带着对老区人民的深厚感情扶贫，着力打造大别山“红色旅游路”、秦巴山“环库生态路”、武陵山“清江画廊路”和幕阜山“休闲旅游路”4条特色扶贫路，共计3282公里。

2013年7月，习近平总书记在湖北视察时要求，“湖北要加快建成中部地区崛起重要战略支点，努力在转变经济发展方式上走在全国前列”。在湖北考察期间，习近平总书记深入鄂州考察城乡一体化情况，强调指出，要破除城乡二元结构，推进城乡发展一体化，把广大农村建设成农民幸福生活的美好家园。李鸿忠表示，“建成支点、走在前列”赋予了湖北发展的新定位，提出了新的更高要求。不辱使命，不负重托，关键在农村，基础在交通。湖北大部分国土面积是农村，即使将来城镇化水平达到70%以上，还会有1000多万人生活在农村，未来农村公路建设任务依然繁重。加快农村公路发展，为农民建设幸福家园和美丽乡村筑牢交通“硬底盘”，责任重大。

李鸿忠表示，加强农村路网建设，不仅是湖北自身发展的需要，更是连接东部和西部、促进区域经济协调发展的迫切要求。湖北将牢记总书记的嘱托，按照“建成支点、走在前列”的总要求，把农村公路发展放在全省综合交通发展的优先位置，把体制机制创新放在农村公路建设养护管理工作的核心位置，以只争朝夕、时不我待的紧迫感，全力抓好农村公路建设养护管理各项工作任务的落实，不断提升农村路网整体服务功能，努力实现基本通行为主到支撑、服务农村经济社会全面发展转变，筑起美丽乡村幸福路，把荆楚农村建成“美丽乡村”，为率先在中部地区全面建成小康社会而努力奋斗。

（《人民日报》2014年5月4日2版）

帮贫困群众早日实现小康梦想

——访甘肃省委书记王三运

“甘肃省贫困地区大多山大沟深、位置偏僻，路不通，群众就会离市场很远，信息进不来，产品出不去，也就谈不上发展什么富民产业，尤其是16850个行政村中有近一半的建制村不通沥青水泥路，严重制约着贫困地区产业发展和贫困群众脱贫致富。”谈及甘肃农村公路，甘肃省委书记王三运如是说。

要闻 3

资费由电信企业自主制定

打电话更便宜了？

政策解读

明确禁止暗盘交易

辽宁力推“个转企”

虚拟运营商拟发起自律

多地遭暴雨袭击

青海建设美丽城镇

热议丝绸之路经济带

落实习近平总书记重要批示精神

甘肃省

修通路 民致富

帮贫困群众早日实现小康梦想

——访甘肃省委书记王三运

国产公务机购买意向签约

三星闪存项目在西安投产

王三运说，习近平总书记对甘肃扶贫攻坚和贫困地区基础设施建设十分关心，在甘肃调研期间特意叮嘱，要深入推进集中连片特困地区扶贫攻坚，突出抓好交通等基础设施建设工作，着力解决制约发展的瓶颈问题。

他说：“一年多来，甘肃省委省政府认真落实习近平总书记视察甘肃时的重要指示精神，坚持把交通建设作为扶贫开发的龙头和基础，依托‘1236’扶贫攻坚行动和联村联户为民富民行动，以整体推进的思路强化总体设计，以改革创新的办法化解资金难题，探索出了一条国家扶持、地方为主、单位帮扶、资源整合、群众投劳为主要特征的农村公路建设新路子。”

据了解，甘肃启动实施交通扶贫率先行动，科学编制农村公路扶贫规划，坚持用创新的理念、改革的办法、市场的机制筹措建设资金，努力转变单一依靠国家补助的建设模式，建立了申请国家补助、争取银行贷款、吸纳社会资本等相结合的多元筹资机制。在交通扶贫试点县建设上，着力在资金管理、项目实施、质量监督等方面先行先试，下放审批权限，简化审批程序，分级分片推进集中连片特困区58个贫困县、“插花型”17个贫困县和11个一般县的农村公路建设。

王三运谈道，交通基础设施的改善，有效促进了贫困地区同外部市场的融通、致富信息的畅通、农副产品的流通，有力带动了贫困地区加快发展，58个贫困县农民收入平均增幅高于全省近2个百分点，交通扶贫的综合效应日益显现、逐步放大。下一步，甘肃将深入贯彻落实习近平总书记重要指示精神，到2018年实现新建农村公路约5万公里的目标，解决好全部建制村的道路通畅问题，同步完成农村客运站点建设，助推贫困群众早日实现小康梦想。

（《人民日报》2014年5月11日3版）

（二）各地农村公路发展经验与成就

各地认真落实习近平总书记关于农村公路发展的批示精神

央广网北京5月1日消息 据中国之声《新闻和报纸摘要》报道,各地认真贯彻落实习近平总书记关于农村公路发展重要批示精神，解决农村群众“出行难”，打造惠及乡邻的“致富路”、“民心桥”。

安徽含山县司徒村深处边远山区，泥泞的乡村小路成为村民致富的绊脚石。近日，司徒村山村道路已铺成全新的水泥路，村民们不再为出行发愁。司徒村党总支书记张衍牛:“极大地方便了村民出行，也为我们山场对外发包，奠定了良好的基础。”

截至目前，安徽农村公路总里程为15.97万公里，占全省公路总里程的91.8%，安徽省交通厅副厅长程跃辉：“力争到“十二五”末，经济发达地区县道基本达到三级或以上标准；全面完成6000余座农村公路危桥改造。”

在素有“七山一水二分田”之称的浙江，40%的人口住在乡村。2013年浙江省启动“乡村康庄工程”，用农村联网公路建设带动农村交通发展，浙江还建立了农村公路有章管、有钱管、有人管、有招管的“四有”管养体系，全省农村公路列养率达到100%。

高起点规划，高标准建设，高规格管护的乡间道路给河南老百姓的出行带来了极大便利。南阳市宛城区小店主尹冬梅："原来是土路，去南阳进货要先到乡里坐班车，来回要一天时间，现在坐上公交车，一晌打个来回，可方便。"

（2014年05月01日07:00中国广播网）

农村公路发展的喜与忧

编者按：全面奔小康，关键在农村；农村奔小康，基础在交通。党的十八大以来，习近平总书记多次就农村公路发展作出重要指示、批示，对农村公路助推广大农民脱贫致富奔小康寄予了殷切期望。

农村公路是公路网的重要组成部分，是保障农村社会经济发展最重要的基础设施之一。那么目前，我国农村公路的建设情况究竟如何，还存在哪些问题呢？

央广网嘉善5月1日消息（记者王丰）中国乡村之声《三农中国》报道，碧云花园是位于浙江省嘉善县大云镇上的一家生态农庄，创办初期，由于交通不便，不仅种植出的农产品向外运输是个难题，前来游玩的周边市民也是屈指可数。而自从庄园门口的公路修好后，碧云花园的境况有了翻天覆地的变化。如今，这里的产业覆盖水稻、果蔬种植，花卉生产以及休闲观光农业，从110亩的传统农业种植基地扩大到眼下2200亩的规模，去年的收入也达到了3000多万元。

说起今昔对比，嘉兴碧云花园有限公司董事长潘菊明感慨万千：“最早这条路比较窄，表面也坑坑洼洼，一般要很多年才修一次。但是这几年政府投入，路基什么的都重新开始改造，路面好了就通畅了，交通事故也少了。为了保持这条道路的水乡原生态效果，上面加了一条绿化带，等于边上走行人，中间走汽车，所以道路宽了，而且有地域特色。”

如今的公路不仅修到了大云镇，更连接了周边的乡村，这也给周边村民到镇上打工提供了便利。66岁的吴仁才是嘉善县大云镇缪家村的一名花农，自从乡村公路修通后，他每天坐公交去碧云花园上班只要七八分钟。嘉善县大云镇缪家村村民吴仁才告诉记者，他们村有160多人在碧云花园打工。

吴仁才："原先我们一家人一年干下来最多两三万收入，现在我一个人就有这些收入，还是比较轻松的，你说是不是。"

浙江嘉善县曾是习近平总书记的联系点，他十分关心嘉善的经济社会发展情况，多次作出批示指示，还特别强调交通要先行一步。截至目前，全县已完成公路等级提升25.3公里，大中修工程32公里，农危桥改造21座。现在，农民群众到县城的时间缩短了一半多，卖农产品、购物、看病比以前更方便，山村的孩子也享受到了中心学校的师资和教育条件。

中共嘉善县委书记姚高员："下一步，在我们现有'康庄工程'的基础上，来实施农村公路的品质提升工程。通过这样一个工程的实施，能够为农民出行提供更加通畅、更加便捷、更加安全、更加舒适的交通出行环境。"

建设农村公路给农民生活带来的巨大变化是不言而喻的。据了解，目前，全国农村公路总里程已达377万公里，全国乡镇和建制村通客车率分别达到了99%和93%，开通农村客运线路9.6万条。

尽管我国农村公路建设取得了一定的成绩，但采访中记者也感受到，目前我国农村公路的发展仍面临不少挑战。

山东微山韩庄镇铁路涵洞是京沪铁路与245省道店韩线的公铁立交，为了提高铁路运行效率，方便村民往来，铁路部门将公路、铁路平交道口改造为铁路涵洞，公路从铁路下穿行而过。韩庄镇大公村村民陈梅说，大家都没想到，这条曾让村民格外欣喜的路却给村民带来了麻烦。

陈梅："一开始修好的时候就是这样平坦的，两三年之后就变成破烂不堪了，里面很多积水污泥。"

由于不少重型车辆都从此经过，常年的碾压让路面变得坑坑洼洼，再加上当地的地下水位偏高，路面被破坏后，地下水大量渗出，导致涵洞常年积水。汛期来了，积水有时能有一米多深，村民不仅要自备一双蹚水的鞋，就连浇地的排水泵都得时刻备着。找个喷灌机在持续抽，抽了之后就管那么半天，穿着胶靴就能过去。

像山东的韩庄镇一样，农村公路的失管失养在全国是一个普遍现象。一些修好没多久的路很快就变得高低不平，人坐在车上颠簸不堪，车辆所过之处，尘土飞扬，行人也要掩面而过。

如何才能落实农村公路养护的主体责任，保障农村公路管理养护资金到位，健全农村公路法律体系建设，是摆在各级政府部门面前的重要任务。

全国人大代表，河南省商丘市解放村党支部书记乔彬："如果再没有一个机制，没有一个谁来负责谁来管理的机制，这个路国家拿出钱来把它修好了，到最后也就坏掉完了。"

据了解，目前我国农村公路发展总量仍然不足，六盘山区、大别山区等11个集中连片特困地区，以及西藏、新疆南疆等地的总面积占到了我国的4成，但公路总里程只占全国的28%，目前仍有几千个建制村不通公路，6万多个建制村没有通沥青水泥路。交通运输部部长杨传堂介绍说，集中连片特困地区的扶贫工作是今后的重点。

杨传堂："今年我们将继续推进贫困地区及兼职去通硬化公路，实施农村公路的安全保障工程，加快农村公路危桥改造，推进农村客运、农村物流工作，开展交通扶贫示范试点工作，着手调研"十三五"的集中连片特困地区的交通扶贫政策。集中连片的特困地区的扶贫仍然是我们小康建设过程当中的攻坚战。经过'十二五'和'十三五'的努力，一定要使特困地区的群众也能够走上小康之路。"

据杨传堂介绍，目前我国农村公路路网还不完善，技术等级、网络覆盖广度与通达深度有待提高，地区间发展不平衡、不协调问题仍然较为突出；农村公路的安全保障水平也有待进一步提高。未来，交通部门一方面将坚持把农村公路建设作为重中之重，构筑和完善农村公路基本公共服务体系；另一方面将坚持深化农村公路管理体制改革，落实县级政府在农村公路建设管理养护中的主体责任，为农村公路建设和农村交通运输可持续发展提供体制机制保障。进一步细化政策举措，加大投入，坚持因地制宜，以人为本，着力提高农村公路发展的质量和通畅水平，更好的服务城乡统筹发展。

（2014年05月01日09:40　中国广播网）

云南省：拉长农村短板 促进经济发展

人民日报

本报昆明4月29日电 （记者张帆、杨文明）4月10日，刚贯通的独龙江隧道就派上了大用场。4岁独龙族女孩普艳芳烤火时不慎严重烧伤，通过隧道得以及时送往云南省贡山县医院。

“要不是隧道打通，真不晓得孩子的性命还能不能保住。”已在北京武警总队医院的普光荣看着正准备接受手术的女儿，满是感慨。

2 要闻 人民日报

国家主席习近平任免驻外大使

落实习近平总书记重要批示精神

交通部
建好农村公路
助推脱贫致富

云南省
拉长农村短板
促进经济发展

让小康之路在云岭大地延伸

汪洋在打击侵权假冒工作领导小组会议上强调
不断提升打击侵权假冒工作水平

马凯在部分地区铁路建设工作会议上强调
确保全面完成今年铁路建设任务

王勇在安全生产重点工作督查汇报会上强调
强化督查整治 狠抓工作落实

国家创业就业税收新政出台
失业者创业减税近万元

政策解读

独龙江乡去贡山县城得多久？20世纪90年代以前，人拉马驮走山间驿道至少得两三天；1999年独龙江简易公路建成后，开车也需要近8个小时。等今年国庆节前独龙江公路改扩建工程完工后，这一时间将进一步缩短到3小时。

长期以来，云南民族地区由于交通闭塞，生产生活条件相对落后，成为全省经济社会发展的“最短板”。近年来，云南省以乡村公路建设为抓手，促进民族地区经济社会发展。截至2013年底，全省

14015个建制村已有13874个通公路，通达率达99%。全省新改建农村公路里程超过1.9万公里，农村公路总里程达18.9万公里。

3月4日，习近平总书记就农村公路建设作出的重要批示，让云岭儿女备感亲切、倍受鼓舞。云南公路的建设，离不开中央的大力支持。据统计，2013年中央安排云南农村公路国家补助资金75亿元，占到云南省农村公路建设投资的一半。一路一桥总关情，一条条崭新的乡村公路让云南少数民族群众增强了与全国其他兄弟民族一道过上小康生活的底气。

（《人民日报》2014年4月30日2版）

贵州省：千亿元疏通乡村“毛细血管”

人民日报

本报贵阳4月30日电 （记者万秀斌、郝迎灿）趁着花开时节，贵州省仁怀市井坝村的舒存鹏小心翼翼地把蜂箱搬到车上，沿着新修的乡村公路，向繁花深处开去。

“以前村里石头路，凹凸不平，根本不敢搬动蜂箱，怕惊动了里面的土蜂。”舒存鹏说，现在道路平整了，车辆行驶很平稳，用“游牧”方式来放养蜜蜂，不仅增加了蜂蜜产量，还提升了产品质量，为他带来了高达50万元的年收入。

要闻

李克强主持召开国务院常务会议

李克强签署国务院令 公布修订后的《中华人民共和国商标法实施条例》

落实习近平总书记重要批示精神

贵州省 千亿元疏通乡村“毛细血管”

建设小康路 实现小康梦

焊花里绽放精彩

电信业六月起试点营改增

2012年，政府开始号召村民们修建和完善通村公路，大伙扛起锄头，挽起裤管，齐心协力，终于修出了一条宽敞平坦的水泥大道。路修通了，舒存鹏自己买了一辆摩托车和一辆农用车，10分钟就能到达镇中心。

贵州多山，拧拧巴巴一条山路，晴通雨阻。小康不小康，关键看老乡。道路不通，农民难富。推动道路基础设施向乡镇以下延伸，迫在眉睫。

2013年，贵州正式实施了“四在农家·美丽乡村”基础设施建设，开展了小康路、小康水等六项行动。其中，按照“公路上等级、路网趋优化、管养全覆盖、通行提能力、安全有保障、环境更优美”的总体要求，小康路建设如火如荼。截至今年第一季度，小康路行动累计完成固定资产投资160亿元，建成通村沥青水泥路13672公里、通组寨公路9620公里。

按照计划，到2020年，小康路行动总投资将达1068多亿元，实现“村村通油路、村村通客运、组组通公路、村寨路硬化”的总目标。

修一段公路，开一扇致富大门。像舒存鹏一样，沿着越来越多的小康路，村民们带上自家生产的农产品，开着新买的农用车，奔向外面的市场。

（《人民日报》2014年4月30日2版）

四川省：打通民族地区“路瓶颈”

人民日报

本报成都5月1日电 （记者张忠、王明峰）“全村人盼了多少年，终于梦想成真，路通了，致富奔小康的路子就宽了。”看着通到家门口的水泥路，金川县勒乌乡马厂村村民唐德贵还是忘不了“晴天一身灰、雨天两腿泥”的年头，“最发愁的还是农产品运不出去，能挣钱的也不敢种。”

修好通村硬化公路，马厂村一改过去以玉米为主的单一种植结构，引进酿酒葡萄。依托龙头企业，村民收入迅速翻番，去年户均达1.5万元。

商标注册，可分割申请

落实习近平总书记重要批示精神

打通民族地区“路瓶颈”

建设农村路 破解蜀道难

青春在深海闪亮

位于川西北高原的金川县，隶属四川阿坝藏族羌族自治州。2011年至2013年，短短3年间，金川举全县之力，打了一场农村公路建设攻坚战，率先在全省少数民族地区实现农村公路建设“3个100%”：乡镇通油路100%，建制村通水泥路100%，通组入户硬化道路100%。

“金川攻坚”探索形成诸多经验。其中，“一名县级领导挂包一个乡镇，一个团队对接一个乡镇，一个乡镇建立一套台账和督查机制”的组织协调机制，“以政府引导为重点、农牧民投工投劳为主体、项目资金打捆为支撑、社会参与为基础”的资金整合机制等，已在全省民族地区倡导推广。

四川民族地区主要位于甘孜、阿坝、凉山3个州及四川盆地周边山区，地形地质条件特殊，交通滞后对经济社会发展的制约十分突出，农牧民改善交通条件的愿望极为迫切。

“十一五”以来，以油路到乡、公路到村为目标，四川实施乡镇、村通达通畅工程建设，中央和省累计投入民族地区补助资金逾110亿元，安排新改建农村公路4.6万公里，解决了59个乡镇和2565个建制村不通公路、858个乡镇和1804个建制村不通油路（水泥路）难题。

“虽有长足进步，仍是突出短板”，四川民族地区农村公路通达通畅等主要指标仍远低于内地平均水平，成为脱贫致富奔小康的最大瓶颈。如何啃下这块硬骨头？四川将进一步推广金川等地成功经验，统筹解决资金筹集、群众发动和项目管理等主要课题，引导民族地区在抓好农村公路规划与路网衔接、产业配套相协调的同时，优先解决农牧民出行问题，进而实现“带活农牧业、发展农牧区、致富农牧民”的目标，四川省交通运输厅公路局局长廖文彬表示。

（《人民日报》2014年5月2日2版）

浙江省：公路拉近城乡 交通带来发展

人民日报

本报杭州5月2日电 （记者王慧敏、顾春、江南）人们常用“三头”来形容如今的浙江农村：“公共交通到村头，硬化路面到地头，超市到门头。”日益完善的农村交通网络，不但让农民“出门有路，抬脚上车”，还一下子拉近了城乡距离，使浙江成为我国城乡差距最小的省份之一。

浙江多山，过去人们用“汽车跳，浙江到”来形容浙江行路难。

2 要 闻 人民日报

第十八届“中国青年五四奖章”揭晓

全国优秀团员、团干部和先进团组织受表彰

生死相携一瞬间

落实习近平总书记重要批示精神

浙江省

公路拉近城乡 交通带来发展

铺就农村美好生活康庄大道

并肩，向暴恐分子出击！

体验

2003年以来，浙江启动“乡村康庄工程”建设，农村公路里程由2003年的3.6万公里提高到2013年的10.4万公里，年均增长30%。近3万个行政村全部通上等级公路并实现路面硬化。浙江80%以上的村民15分钟之内可到达乘车点，到乡镇集贸市场的时间减少约70%，到县城的时间减少65%，每年减少车辆运输成本约2000万元。

乡村公路带动了农民增收。公路推进到哪里，产业结构调整到哪里。浙江公路沿线近1/4的农民扩大了经济作物种植面积。泰顺县新浦乡潘山村杨梅大户梁碎海深有感触："过去卖杨梅靠肩挑，一半以上烂在路上。如今通了公路，经销商车开到门口收购，年年抢购一空，所以种植面积不断扩大。"武义县58个"康庄工程"项目建成后，全县基本实现了1小时交通圈。随着通往发达地区的公路越来越畅通，一拨拨来自上海、杭州等城市的游客带来了丰厚的旅游收入。武义从一个山区小县一跃跨进了发达地区的"经济圈"。据悉，受益于农村公路建设，10年来浙江全省农民增收超过800亿元，拉动GDP增加值超过1300亿元。

随着路的延伸，公共服务向农村快速蔓延，城镇化步伐大大加快。建路后，浙江17.3%的行政村房屋建设增加，21.8%的行政村村容村貌得到改善。浙江的城镇化率从2002年的47.5%上升到了2012年的63.2%。2013年，浙江农民人均纯收入16106元，已连续29年居全国各省区首位，城乡差距大大低于全国平均水平的3.1：1。

（《人民日报》2014年4月30日2版）

湖北省：连片特困山区的“一号工程”

人民日报

本报武汉5月3日电 （记者顾兆农、付文）“多亏了这条旅游路，去年我7间客房加上餐饮就收入了30万元。”在黄冈市罗田县天堂寨圣人堂村，农家乐老板夏金爱笑着盘算：“今年，我把客房又扩建了15间，百把万的收入应该没问题。”

2011年，大别山红色旅游公路进山，夏金爱把自己的房子翻新后开

4 要闻 人民日报

中央军委领导到军队第二批党的群众路线教育实践活动联系点调研指导工作

截至去年底 全国共青团员8949.9万名

北京 京郊乡村游成“五一”首选

最美的青春留在车间

落实习近平总书记重要批示精神

湖北省 连片特困山区的“一号工程”

筑起美丽乡村幸福路——访湖北省委书记李鸿忠

辽宁 查超职数配备干部2万余人

广州 休息站温暖户外工人

文明从细节做起

话剧再现青年支教

劳动者之歌

了农家乐。大山深处的农民年收入30万，令人震惊。然而在圣人堂村，这还不算“土豪”。去年，村里年收入过百万的就有5户。

这条横贯大别山腹地的公路，贯穿黄冈7县市，其中辐射5个国家级贫困县，连接5条高速公路、3条国道、7条省道、12条县道，把沿途23个乡镇的38个景点以及三大旅游区串联一线。据统计，去年红色旅游公路沿线7县市旅游收入达62亿元，同比增长21%。

“公路优化了大别山区路网布

局，形成了从行政村到乡镇、从乡镇到高速公路‘一小时交通圈’。”黄冈市委书记刘雪荣说，“这是黄冈革命老区人民加快脱贫的致富路，也是我们实现跨越发展的希望路。”

大别山、秦巴山、武陵山片区是湖北的3个国家级集中连片特困地区。此外，湖北还自加压力，将幕阜山片区列入湖北省新一轮扶贫攻坚主战场，与国家片区一样政策、一样标准、一样投入、一样目标，均把山区农村公路建设列为“一号工程”。湖北重点推进4个连片特困地区的扶贫工作，规划和建设的大别山“红色旅游路”、秦巴山“环库生态路”、武陵山“清江画廊路”和幕阜山“休闲旅游路”4条特色扶贫路共计3282公里。

到2013年底，全省农村公路通车总里程达20.8万公里，居全国第四位，乡镇和行政村通畅率分别达到100%和98.7%；全省建制行政村实现“村村通”。明年，湖北力争实现100%的建制村通沥青（水泥）路、100%的建制村通班车的规划目标。

（《人民日报》2014年4月30日2版）

甘肃省：修通路 民致富

人民日报

本报兰州5月10日电 （记者林治波、银燕）在甘肃天水市武山县山丹乡周庄村，一条崭新的水泥路直通到田间地头。

村支书周正林说：“过去这路只能人走，车进不来村民只好把菜背到村口，修路时地都没征，每家都愿意让一点。路修好了，老百姓再也不用背菜了。村里的韭菜从1000多亩增加到2000多亩，连续3年，村民们收入照16%的速度涨着呢！”

要闻 3
资费由电信企业自主制定
打电话更便宜了？
明确禁止暗盘交易
辽宁力推“个转企”
虚拟运营商拟发起自律
多地遭暴雨袭击
青海建设美丽城镇
热议丝绸之路经济带
落实习近平总书记重要批示精神
甘肃省
修通路 民致富
帮贫困群众早日实现小康梦想
——访甘肃省委书记王三运
国产公务机购买意向签约
三星闪存项目在西安投产

截至2012年底，甘肃还有一半建制村不通沥青水泥路，这成了制约老乡出行、农村致富的瓶颈。

习近平总书记在甘肃视察时指出，甘肃的贫困问题比较突出，扶贫开发要统筹兼顾，突出抓好基础设施建设等重点工作，着力解决制约发展的瓶颈问题。

“村道早日硬化，小康早日可望”。甘肃省委书记王三运要求全省突出规划、布局、质量、速度，全力抓好严重制约农村经济发展的村道建设。修筑通村公路，成为甘肃多项重大战略部署的交汇点和着力点。

2013年，甘肃省委省政府启动实施“1236”扶贫攻坚行动，将交通扶贫作为扶贫开发的基础保障，出台一系列支持政策，确定了交通扶贫攻坚的总体目标：到2018年实现全省所有建制村通沥青水泥路、通班车。与此同时，甘肃创新扶贫资金保障机制，提出了利用财政资金撬动中长期贷款用于基础设施建设的办法，同国家开发银行签署利用贷款大规模开展贫困地区通村道路和安全饮水建设的战略性合作协议。

2013年一年间，甘肃省一举建成农村公路8000公里，实现了全省58%的建制村通沥青水泥路。

（《人民日报》2014年5月11日3版）

云南省：独龙山乡 致富有“道”

人民日报

在中国版图上，云南独龙江乡堪称最偏远的地方之一，也是独龙族的主要聚居地。每年11月到次年5月，独龙江乡通往外界的唯一简易公路，因为高黎贡山大雪封山而交通中断。

今年4月10日，寄托着习近平总书记殷切期望的独龙江公路高黎贡山隧道在成功实施“最后一爆”后，实现贯通。独龙族同胞将告别祖祖辈辈大雪封山半年交通中断的历史。

中国—东盟南亚特刊

实现收入近800亿 年均增长超过25%

云药立起云南经济新支柱

独龙山乡 致富有「道」

“感知中国”走进缅甸

缅甸人学唱中文歌

“店里‘断货’几个月啦，听说隧道通了，赶着去县城进些货。”4月11日清晨，独龙江公路高黎贡山隧道贯通第二天，最早在独龙江乡开超市的彪万庆开着面包车往县城里赶。往年，这个时节的独龙江乡仍然因大雪封山与世隔绝。

“独龙江公路隧道的贯通，是云南加快农村公路建设的缩影。”云南省交通运输厅厅长刘一平说，虽然受地质条件等因素限制明显，但在党和国家的持续重视和支持下，近些年来，云南省将每年建设1万公里农村公路列为10件惠民实事之一，农村公路已经走上了发展的“快车道”。

云南省交通运输厅的数据显示，截至2013年底，云南省农村公路总里程已达到18.9万公里，占全省公路总里程的84.8％。全省1367个乡镇通畅率达96％；14015个建制村通畅率达47％；8个人口较少民族地区也全部通了公路，建制村通畅率达到50％。全省总共开通了农村客运班线5119条，行政村通班车率达83.9％，农村群众“出行难”“运货难”得到根本缓解。

“溜索”，曾经是怒江大峡谷中的原始交通工具之一，如今更多是作为古老交通工具展示的实物而存在。云南交通运输尤其农村公路的发展，改变了边疆民族地区的面貌，促进了人员、物资、资金和信息的流通。昔日封闭落后的边疆民族地区，加快脱贫致富步伐，加速融入现代文明。统计数据显示，去年云南贫困地区农民人均纯收入达5375元，较上年增加了830元。

“贫困地区要脱贫致富，改善交通等基础设施条件是关键。”刘一平说，云南将以“公路通达通畅，人员物资流通”为目标，继续加快推进农村公路“建、管、养、运、安”的协调发展，为边疆民族地区脱贫致富铺好“道路”。

（《人民日报海外版》2014年5月6日2版）

四

行业媒体宣传报道情况

（一）中国交通报特稿

翁孟勇：“小康路上不因交通掉队”既是努力方向更是决心

中国交通报

本报讯　日前，交通运输部党组副书记、副部长翁孟勇作客中央人民广播电台中国之声《政务直通》栏目，介绍农村公路发展情况并与听众交流。翁孟勇表示，交通运输部将认真贯彻落实党中央、国务院关于“三农”发展的一系列重大决策部署和习近平总书记关于农村公路建设重要批示精神，和地方党委、政府一起建设好、管理好、维护好、运营好农村公路，不断提升农村公路的畅达水平、服务水平和安全水平。小康路上绝不让任何一个地方因农村交通而掉队，既是交通运输部门的努力方向，更是交通人的决心。

中国交通报

交通运输部召开专题会，杨传堂强调

切实加强制度建设开展专项整治
把危化品运输安全监管落实到位

“小康路上不因交通掉队”既是努力方向更是决心

农村从相对封闭 变得越来越开放

在谈到农村公路发展成绩时，翁孟勇说，农村公路经过十年的发展，取得了明显的成绩，农民群众行路难、乘车难、运输难的状况得到了极大改善。“农村公路打开了农民的致富之门，也促进了农村产业结构调整，扩大了农民的就业，增加了农民的收入。不仅如此，农村公路还带动各地人流、物流、信息流的形成，农村由过去的相对比较封闭变得越来越开放。”

2003年，根据中央“三农”工作部署，交通部党组提出，让农民兄弟走上沥青路和水泥路，启动了新中国成立以来规模最大的农村公路建设。在国家有关部委大力支持下，交通运输部门和地方党委、政府以及广大人民群众一起，共同推进农村公路发展。农村公路网覆盖面扩大，截至2013年年底，98%的乡镇、89%的建制村通了沥青（水泥）路，98%的乡镇和91%的建制村通了客车，农村公路优良路比例达到58%。

翁孟勇十分关心西部贫困山区和边疆少数民族地区农村交通发展。节目中，他与云南省怒江傈僳族自治州福贡县拉马底村“溜索医生”邓前堆通了电话。

得知“溜索医生”现在变成了“汽车医生”后，翁孟勇对邓前堆说：“我们会继续加大对西部贫困地区的农村交通建设力度。同时，现在有路了，也有桥了，能开车了，也希望你多提醒乡亲们注意安全。”

“十一五”以来，交通运输部和国务院扶贫办共同在西藏和云南怒江实施了120多对溜索改桥项目。“十二五”后三年，投入28亿元，将四川、贵州等7省区现有的290对溜索全部改成为桥梁。

翁孟勇和听众们分享了到云南临沧、怒江、保山，四川凉山等西部贫困地区调研的经历。去年年底，西部地区建制村通沥青（水泥）路的比率只有65%，而规划目标到“十二五”末要达到80%。“这15个百分点所包含的工作量是非常艰巨的。”这些地区山高谷深，筑路材料缺乏，而且村庄较分散，建设难度大、成本高。

各方合力　共解资金难题

翁孟勇说，农村交通发展在建设资金、养护管理、安保工程、客运发展等方面存在一些困难和问题。

“资金问题最突出。”翁孟勇介绍，尽管投入很大，但与巨大的需求相比，仍显不足。农村公路的覆盖广度和通达深度还不够，路网规模还不够大，而且农村公路建设成本近些年来攀升很快。2008年，2050亿元修了40万公里农村公路；去年2455亿元只修了21万公里农村公路。

据介绍，2003年至2013年，中央车购税资金投入农村公路建设累计超过3200亿元。2013年中央投资农村公路建设的资金，71%用在了西部地区。“十二五”期间，用于集中连片特困地区交通建设的车购税资金将超过5100亿元，占“十二五”公路建设车购税资金总量的一半。

在谈到不同地区要因地制宜建设农村公路时，翁孟勇说，有些基本的经验、做法、理念，是可以相互借鉴的。例如江苏、浙江在农村公路建设中就坚持了政府主导、交通主力、农民主体、各方主动，借助社会力量共同来建设农村公路。

建管养运　全面深化改革

谈到农村交通发展的远景目标时，翁孟勇说，下一步主要抓好几个方面工作：一是要组织实施好“十二五”规划，做好“十三五”规划编制工作。“十三五”规划关系到2020年全面小康目标的实现，是一个“兜底”的规划。二是要加大政策支持力度，把西部地区、老少边穷和集中连片特困地区，作为农村公路建设的主战场，确保2020年前实现全部建制村通硬化路、通班车、通邮，鼓励有条件的地区加强农村公路联网工程和通村组工程建设。三是把全面深化改革要求贯穿到建设、管理、养护、运输各个方面，充分调动中央和地方的积极性，切实落实好地方各级政府的主体责任，督促地方出台促进农村公路发展的政策措施。四是注重农村公路工程质量和安全性、耐久性。五是大力发展农村客运和农村物流。

让农民群众早日“出门水泥路、清新进家园”

——交通运输部副部长冯正霖谈农村公路发展

中国交通报

本报讯　日前，交通运输部副部长冯正霖作客新华网，向广大网友介绍了交通运输部贯彻落实习近平总书记关于农村公路发展重要批示精神的有关情况。冯正霖表示，交通运输部将按照习近平总书记提出的“建好、管好、护好、运营好”的“四好”新要求，认真落实中央的惠农政策，充分发挥中央和地方两个积极性，因地制宜、以人为本，与优化城镇布局、农村经济发展和广大农民群众安全便捷出行相适应，加快推进“四个交通”发展，着力提高农村公路发展质量和通畅水平，让农民群众更快走上致富路，早日过上“出门水泥路、清新进家园”的小康生活。

中国交通报

实战摔打磨砺 提升应急能力

丝路经济带甘肃段建设方案出台

让农民群众早日“出门水泥路、清新进家园”

谈成绩：回忆农村调研见闻 民心工程看得见摸得着

“我国大规模开展农村公路建设，是从2003年开始的。当时，交通部党组提出‘修好农村路，服务城镇化，让农民兄弟走上油路和水泥路。’”冯正霖说，“这个目标和口号很接地气，农民兄弟听得懂。”十年来，全国新建改建农村公路310万公里，相当于环绕地球赤道77圈。到2013年年底，全国农村公路通车里程达到377万公里，乡镇和建制村基本上都通了公路，乡镇和建制村通客车率分别达到98%和91%。随着城乡公交一体化的发展，越来越多的农村人走出了乡村，越来越多的城里人走进了农村。作为“毛细血管”的农村公路路网结构明显改善、养护管理逐步加强、安全保障稳步提升、客运发展成效明显，为“三农”工作提供了基础支撑。

“农村公路是广大农民群众看得见、摸得着的民心工程。”冯正霖感受深刻，与网友分享了许多在农村调研时的见闻。冯正霖说，多年前在贵州省遵义市湄潭县调研时，他在半山腰上正好看到4个农民抬着一头猪下来。那里没有路，只能雇人抬，卖猪的钱有一半都给了抬猪的人。路通后，冯正霖又去过一次。“农民很高兴，不再有抬猪下山的事了，卖猪的收入都是他们自己的了。”冯正霖说，有路不一定富，但没有路肯定富不了。

独龙江隧道贯通当晚，一名被火烧伤的独龙族小女孩通过隧道及时送到医院救治。依托公路建设的农家乐，促进了城乡文化交流，开阔了农民的眼界。在东北的国家商品粮基地，农村公路让大科技、大机械、大水利为标志的现代农业得以快速发展，农村合作社不断涌现……

冯正霖说：“例子不胜枚举，这些成果都是农村公路带动‘三农’发展的缩影。一条条农村公路让农业更加繁荣兴旺，让农村更加贴近城市，让农民生活更加幸福安康。”

谈发展：知道问题在哪儿　才能明确工作方向

党的十八大以来，特别是2013年，交通运输部认真贯彻中央全面建成小康社会的战略部署，提出了“小康路上绝不让任何一个地方因农村交通而掉队”的新目标，继续把农村公路发展作为交通运输工作的重中之重。农村公路工作虽然取得了明显成效，但是困难和挑战依然存在。

“知道困难在哪儿，问题在哪儿，才能明确工作方向。”冯正霖在访谈中分析了几个方面的困难，并表示交通运输部门正在抓紧研究解决。

一是建设压力依然很大。农村公路依然是整个国家城乡交通的短板，特别是在西部地区。近年来建设成本攀升非常快，五年来已翻了一番，需要筹措更多资金。

二是管养问题依然突出。“养护就像人过日子一样，平平淡淡，年复一年，需要淡定的工作精神。”冯正霖说，目前，98.14%的农村公路列入养护范围，99.92%的县、92.85%的乡镇成立了农村公路管养机构。但“十五”末之前建成的300万公里农村公路，早已进入大中修养护高峰期。艰巨的养护任务和资金不足的矛盾日益尖锐和突出，县级人民政府的主体责任虽基本落实，但其财力难以支撑起农村公路发展的重任，管养长效机制建设任重而道远。

三是交通安全形势依然严峻。要坚持把保障人民群众安全出行放在第一位，持续提高农村公路的质量和安全水平。

四是农村客运服务均等化尚有差距。冯正霖说，农民的出行不像城市居民出行，要根据农村客运需求开发赶集班车、节假日班车等，要统筹城乡客运资源，完善城乡客运一体化发展政策措施。

绝不让农民兄弟在小康“路”上掉队

中国交通报

党的十八大以来，习近平总书记多次对农村公路发展和贫困地区脱贫致富作出重要指示和批示，充分体现了党中央对贫困地区各族群众的深切关怀，也是对加快交通运输发展、助推贫困地区脱贫奔小康的殷切期望。

小康不小康，关键看老乡。近十年来，交通运输部一直把农村公路工作作为重中之重，启动了新中国成立以来规模最大的农村公路建设，基本实现了让农民兄弟走上沥青路和水泥路。2013年，按照党的十八大全面建成小康社会的战略部署，交通运输部又提出“小康路上绝不让任何一个地方因农村交通而掉队”的目标。

2014年4月29日 星期二
2版 要闻
中国交通报
绝不让农民兄弟在小康“路”上掉队
社论
CTSI 寻迹交通运输经济运行态势
——解读中国运输服务指数
我方舰船将全力参与水下搜索
北京评出300名“的士之星”
鲁辽打造货滚甩挂联运通道
甘川省际高速直达客运班线互营对开
武汉研究控制机动车保有量
福建驾培考试联网管理

这是一个胸怀大局的战略目标。有着怎样的战略思维，决定着我们能抵达何处。农村达不到小康水平，全国就难以实现全面小康。影响和制约农村和贫困地区经济社会发展的因素很多，但对外交通不畅是这些地方的共同瓶颈。尤其是西部地区，只有65%的建制村通沥青（水泥）路，这与《中国农村扶贫开发纲要（2011~2020年）》提出的“十二五”末要达到80%的目标还有较大差距。要以全局眼光抓好集中攻坚，围绕2020年全面建成小康社会的目标，重点加大对西部地区、“老少边穷”和集中连片特困地区农村公路建设资金、技术投入，使这些地区农村公路建设达到或者接近全国平均水平。

要辩证地看待剩下的这些“难啃的硬骨头”。一方面要看到农村交通发展处于跨坎过沟、负重前行的攻坚期；另一方面还要看到国家持续出台的含金量高、操作性强的强农惠农政策，为改善农村交通条件、发挥交通服务三农的基础性、先导性作用提供源源不断的战略支持。例如，“十二五”车购税预期增量资金主要投向集中连片特困地区，2013年车购税用于农村公路建设投资同比增长近50%。

啃下“难啃的硬骨头”，需要系统推动。农村交通发展的一个重要经验就是上下联动、合力推进。农村公路点多、线长、面广，建设和养护任务繁重，且具有较强的公益性，更需要发挥各方面力量共同推进。要继续发挥中央和地方两个积极性，强化部省协作，同时紧密依靠当地群众协力推进。系统推动，要求农村公路不仅要提高通达深度、覆盖广度，还要优化路网结构，提高循环度、联通度；不仅要建好、养好、管好还要通车运营好，从城乡交通一体化的角度，推进城乡客运基本公共服务均等化。系统推动，要发挥路网综合效益，认真审视农村路网布局，综合考虑土地开发和山、水、林、田综合治理，与村镇行政区划调整、扶贫搬迁相结合，与小城镇建设规划相协调。唯有整体考量，才能取得集中攻坚、重点突破的实效，才能获得综合效益最大化。

啃下“难啃的硬骨头”，需要守住底线。从质量和安全的底线出发，才能有守有为。过去路一通百姓就拍手称快的场景在减少，农村公路发生的质量问题、安全事故遭受指责的频率在增加。农村交通已不仅是解决“通”和“畅”的问题，而是要解决有质量和安全保障的“通”和“畅”的问题。安全是底线，质量是前提。要稳步推进农村公路升级改造，把农村公路发展重点转到质量、安全、效益上来，切实提高工程质量的耐久性和可靠度，加强安保工程建设，强化农村客运安全监管。

啃下“难啃的硬骨头”，需要创新求变。创新是因地制宜的创新，要坚持从农村经济社会发展的不均衡性、自然条件差异性等实际出发，合理确定不同地区的发展目标、建设重点、技术标准，尊重各地干部群众的首创精神。创新需要坚持不懈推进改革，尤其要深化农村公路管理体制改革，落实县级政府在农村公路建设、管理和养护中的主体责任，优化农村公路建设模式，构建责任明确、运转高效的管理体制和运行机制，建立农村公路绩效评估和成效考核体系。

啃下“难啃的硬骨头”，需要法制保障。从2007年开始，湖北、云南、安徽、黑龙江等省陆续出台农村公路条例，将农村公路发展纳入法治化轨道。新疆、福建、上海、陕西等省区市出台农村公路管理办法，规范发展。在安徽，农村公路建设养护资金以政府投入为主，共有五大来源；在云南，农村公路建设项目要实行工程监理制；在河北，农村公路“七公开”规定将权力关进制度的笼子……围绕规则和程序办事，以制度管人管事，农村交通才能健康可持续发展。

在一些贫困地区，改一条溜索，修一段公路，就能给群众打开一扇脱贫致富的大门。路通百业兴，甚至已经不能概括一些地方的变化，农民的精神面貌、生活品位甚至梦想命运都因路而新。在同心共筑中国梦的进程中，不能没有7亿农民的梦想构筑；在小康路上，绝不让任何一个地方因农村交通而掉队。

专栏·老乡奔小康 交通做保障

中国交通报

2014年5月起，中国交通报在1版推出“老乡奔小康 交通做保障”专栏，集中报道甘肃、安徽、新疆、湖南、西藏、广西、内蒙古、吉林、河南、云南等20多个省区的农村公路发展情况，截至目前已发稿近100余篇。

■老乡奔小康 交通做保障

连日来，内蒙古自治区各级交通运输部门深入学习贯彻落实习近平总书记重要指示、批示精神，统筹抓好农村公路的改革发展，着力提高农村公路发展质量和通畅水平。

图为阿拉善盟一线公路养护工利用空闲时间阅读4月29日《中国交通报》头版刊发的《筑好康庄大道 共圆小康梦想——习近平总书记关心农村公路发展纪实》。

特约记者 孟根其其格 通讯员 王新民 文/图

（二）中国交通报特刊集锦

中国交通报

春风习来康庄路特刊

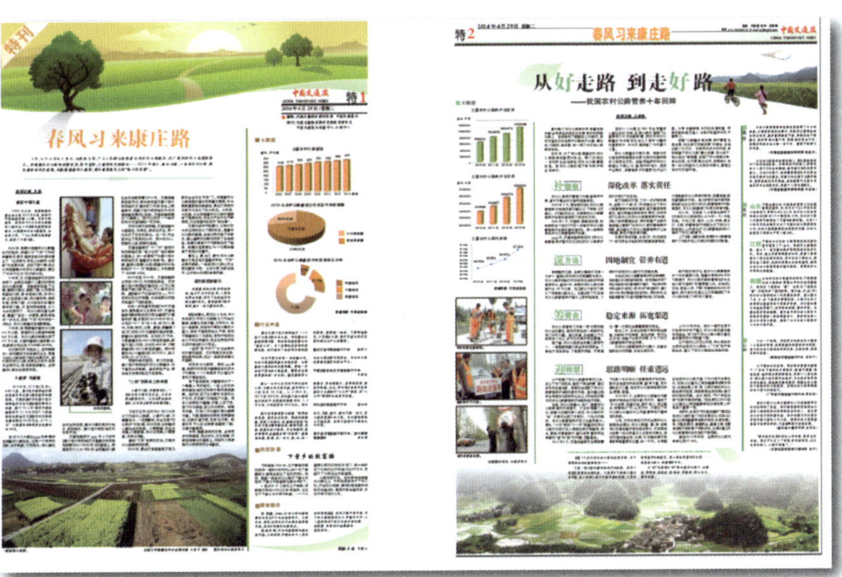
特刊

中国交通报

特1

春风习来康庄路

特2 2014年4月29日

春风习来康庄路

中国交通报

从好走路 到走好路

——我国农村公路管养十年回眸

深化改革 落实责任

因地制宜 管养有道

稳定来源 拓宽渠道

思路明晰 任重道远

特3 2014年4月29日 星期二

春风习来康庄路

用安保工程 护好生命通道

特4 2014年4月29日 星期二

春风习来康庄路

路通车通 城乡均等

同心共筑康庄路农村公路发展成就特刊·甘肃

农村公路托起陇原致富梦

将村路建成幸福路

策马追小康

康庄之路舞陇原

村路修到家门口

牢记嘱托加快脱贫进程
抢抓机遇铺筑小康之路

牢记嘱托修村路

严格标准保质量

同心共筑康庄路农村公路发展成就特刊·新疆兵团

同心共筑康庄路

农村公路发展成就特刊·新疆兵团

加快农村公路发展 服务兵团“三化”建设

——访新疆生产建设兵团交通局党组书记、局长张鲁

农村路上军垦魂

同心共筑康庄路

农村公路发展成就特刊·新疆兵团

因地制宜 先通后畅

农村公路带动“1小时交通圈”

公路经济助推产业升级

加快客运网络化建设

落实责任 有路必养

从出行路到小康路

同心共筑康庄路

戈壁通坦途 富民稳边疆

同心共筑康庄路农村公路发展成就特刊·浙江

6—7版 2014年6月11日 星期三

同心共筑康庄路 农村公路发展成就特刊·浙江

一路驰骋 城镇新梦

——浙江农村公路助力小城镇崛起

淳安县威坪镇镇长罗宝华 建设永远在路上

宁海县前童镇镇长吴继威 通村公路成就国家旅游名镇

泰顺县罗阳镇常务副镇长王福良 规划好路 把钱用在刀刃上

海宁市长安镇镇长滕敏忠 便捷路网构建城镇发展新格局

湖州市南浔区南浔镇镇长潘贤宏 农村公路助力“工业强镇”战略

诸暨市东白湖镇镇长吕朝阳 家有梧桐树 自有凤来栖

永康市古山镇镇长施海鹏 村路为产业添活力

开化县长虹乡乡长汪伟萍 村路发掘出世外桃源

舟山市定海区金塘镇镇长林康刚 农村公路肩扛局重担

温岭市泽国镇镇长林建敏 信息化服务村路好管家

丽水市莲都区仙渡乡乡长周建伟 道路越畅 钱袋越鼓

同心共筑康庄路农村公路发展成就特刊·新疆

6版 2014年6月16日 星期一

中国交通报

同心共筑康庄路 农村公路发展成就特刊·新疆

连心路 惠民情

——第一次中央新疆工作座谈会以来新疆农村公路发展综述（上）

三年攻坚 五年跨越

路通达民心

路畅顺民意

7版 2014年6月16日 星期一

中国交通报

同心共筑康庄路 农村公路发展成就特刊·新疆

村路畅通 稳疆富民

——第一次中央新疆工作座谈会以来新疆农村公路发展综述（下）

同心共筑康庄路农村公路发展成就特刊·山东

6-7版

同心共筑康庄路

农村公路发展成就特刊·山东

连线成网 畅达齐鲁

——山东农村公路建设发展纪实

改造提升农村路网 服务新型城镇化

声音

区域亮点

临沂：打造沂蒙幸福交通

滨州："三通"通民心

同心共筑康庄路农村公路发展成就特刊·内蒙古

6—7版

同心共筑康庄路 农村公路发展成就特刊·内蒙古·

促农牧区公路发展 助力同步奔向小康

努力实现幸福路全覆盖

草原牧歌随路来

产业依路“创金植银”

家门口就能搭上班车

日子像干椒一样红火

一条路打开一扇致富门

一村一站养村路

同心共筑康庄路农村公路发展成就特刊·河北

6—7版
同心共筑康庄路
农村公路发展成就特刊·河北
十年
周道如砥 燕赵通衢

同心共筑康庄路农村公路发展成就特刊·吉林

6—7版 2014年8月27日 星期三

中国交通报 CHINA TRANSPORT NEWS

同心共筑康庄路

农村公路发展成就特刊·吉林

沃野平畴 路纵横

吉林省农村公路发展纪实

新村路服务农业大省粮食主产区

修好“民心路” 建成“惠民桥”

自己养好自家路

一切为了父老乡亲

区域亮点

农安 推行“七公开” 严把质量关

磐石 千里村路 绿色走廊

（三）中国公路杂志专题报道集锦

为农民兄弟修路·广西

深度观察 OBSERVER

为农民兄弟修路 广西

路通了，村民们鸣炮庆祝。韦兆鹏/摄

沁入八桂

广西，好山好水风光旖旎；这里民族风情浓郁迷人。谁人不想行舟于桂林漓江之上，谁人不想忘情于桂平西山。

然而，独特的喀斯特地貌，给广西带来美誉的同时，也给广西的农村公路建设带来了极大的难度。面对石漠化的危机，贫困地区的闭塞，广西不断加大扶贫力度，在困难中前行。2013年，广西公路系统结合全区开展的“美丽广西·清洁乡村”活动，加大公路养护和管理力度，使得农村公路路域环境焕然一新，如今，沁入八桂，可以惬意地行车在村路上，看夕阳西下，花蝶四起。

76

为农民兄弟修路·贵州

① 公路助推贵州农村经济发展 彭衍海/摄

富民兴黔的宏愿

在中国的西南腹地，有一片神奇的土地——贵州，那里的山、水、林、洞，天然生就，原始古朴，回归自然只需置身其中。在贵州，我们看到的是大自然鬼斧神工的造诣，然而，君不见，贵州公路人用勤劳汗水打造的风景也有其别样的魅力。

那一条条公路串起来的村村寨寨，那一张张因为走上小康路而绽放的笑颜，那一幅幅红红火火的生活场景，正是贵州公路发展成果的真实写照。

82

为农民兄弟修路·河北

河北

燕赵大地上的壮举

河北有号称“天下第一关”的山海关，有集江南水乡的精致与皇家建筑的雍容大气于一身的避暑山庄；这里有铺着万顷芦苇，飘着十里荷香的白洋淀，有全国著名五大革命圣地之一的西柏坡。随着京津冀一体化大潮的涌动，环抱京津的燕赵大地，孕育着无尽的希望。

当然，在大潮涌动之下，河北的农村公路，这些遍布河北省如毛细血管一般的农村公路，成为新型城镇化发展中的有力支撑。它们洒满了河北公路人辛勤的汗水，并成为广大农民群众走向小康生活的康庄大道。

56

为农民兄弟修路·辽宁

辽沈大地的荣光

辽宁是我国重要的老工业基地，被誉为新中国工业崛起的摇篮，这是辽宁的荣耀，但是人们通常忽略辽宁的另一面——辽宁省同样是资源丰厚的农业大省——辽宁省有行政村11763个，农业人口近2000万，如何更好地支持辽宁现代农业的高效发展，成为辽宁交通人的牵挂。2003年以来，借助国家大力建设农村公路的东风，辽宁省继续加大农村公路建设力度，不断推进农村公路"村村通"工程。

如今，当一条条农村公路穿过一个个村庄，连起一座座城镇，织就一张遍布辽沈大地的公路大网；当一条条农村公路通达辽宁省每一个行政村，当农村公路发展从"村通油路"向"组通油路"的迈进，当一条条养护好、路况佳、服务到位的农村公路成为通往全面小康社会的致富大道……

这些给辽宁带来了县域经济的腾飞和更广范围的经济、社会效应，更重要的是日渐完善的路网让近两千万农民兄弟脸上的笑容更灿烂。在灿烂的笑容背后，有着辽宁公路人的尽心尽力、尽职尽责。

为农民兄弟修路·宁夏

六盘山下泾源县农村公路建设成果斐然 毛乐智 摄

“塞上明珠”以路带富

宁夏地处我国西北，是5个少数民族自治区之一，土地面积6.64万平方公里，人口610万，其中回族人口占36.2%，是我国最大的回族聚居区。近年来，在交通运输部的大力支持下，宁夏公路系统紧紧围绕西部大开发战略的实施，努力提高农村公路通达能力，实现了宁夏农村交通发展的历史性跨越。

据悉，作为公路网的“毛细血管”，目前宁夏区具备条件的行政村已全部通了沥青路，实现了乡乡通沥青路、村村通公路、90.5%的行政村通沥青路面的目标。接下来农村公路建设，已不再仅限于修通农民进出村庄的道路，更注重建设连通助推农村经济发展的产业园区。宁夏提出，力争到明年底在所有乡镇建设客运站，在90%的行政村建立招呼站，100%的建制村开通沥青水泥路。

像建国村的村民一样，众多农民成为宁夏农村公路的受益者。随着宁夏农村公路迅速发展、通达能力和服务能力的不断提高，农村公路在塞上明珠奏出一段段以路带富奔小康的动人旋律——

为农民兄弟修路·湖南

湖南

湖南省农村公路

潇湘路美

湖南古称“潇湘”，地处华中偏南。这里山明水秀、人杰地灵，不仅有奇绝天下的山水风光，而且孕育了毛泽东、刘少奇、蔡锷、谭嗣同、曾国藩等历史风云人物。如今走在湖南的大地上，可以看到细密的公路网带来的新生机，特别是一条条农村公路，在希望的田野上延伸，承载着农民的财富与希望。

近年来，湖南省公路管理局积极开展农村公路的管养工作，大大提高了农村公路安全性和服务水平，让去湖南旅行的朋友领略湖湘文化，感受湘韵之美，更是让湖南5700多万农民兄弟走上了放心路。

为农民兄弟修路·青海

青海

青藏高原惠民路

青海通过近年来大规模实施农村公路建设，到2013年年底，县道、乡道、村道总里程已达5.6万公里，乡镇通畅率达到95.5%，行政村通畅率达 到78.8%，村道硬化率达到72%，受益人口380万人。

按照打造民生改善升级版的要求，今后青海省将继续加快农村公路建设。今年，青海省交通运输厅结合《中国农村扶贫开发纲要（2011-2020年）》和全省扶贫开发工作会议精神，将农村扶贫工作做为今年重中之中，一方面加快集中连片特困地区国省干线公路建设，升级改造贫困地区主要道路；另一方面，加快改善贫困地区农村公路发展，为贫困地区群 众出行提供安全、便捷、舒适的道路环境。如今，在青海，农村公路已成为服务农业生产，繁荣农村经济，承载区域经济发展的可靠支撑。

为农民兄弟修路·甘肃

甘肃

成县鸡峰山农村水泥路

希望洒陇原

甘肃省自然条件艰苦，东有千沟万壑的黄土高原，西南有平均海拔超过3000米的甘南高原，南有山大沟深的陇南山区，西北有广袤干旱的戈壁沙漠和白雪皑皑的祁连山区，山地和高原占全省土地总面积的70%以上，戈壁沙漠约占全省土地总面积的15%。

恶劣的自然条件，加大了交通基础设施建设的难度，制约了经济发展。甘肃省交通运输部门以决心与毅力，迎难而上，在陇原大地上打响一场以农村公路建设为主要内容的交通扶贫攻坚战，给农民兄弟带来了脱贫致富的希望。

为农民兄弟修路·四川

为农民兄弟修路

2003年，交通部提出了“让农民兄弟走上油路和水泥路”的工作目标，10年间，我国新建改建农村公路310万公里，总里程达到377万公里。10年间，一条条通村达县的农村公路成为农民兄弟致富的“金桥”，一个个连接主干道的农村公路网成为奔小康的康庄大道。党的十八大以来，习近平总书记也就农村公路发展多次作出批示，并寄予厚望。为了进一步展示各地农村公路发展成就和经验，介绍典型案例，本刊将陆续推出农村公路发展十周年回顾专题——“为农民兄弟修路”，敬请关注。

天府之国的小康路

——四川农村公路十年发展成绩斐然

文/本刊记者 张波 魏邦柱 赵印

48.6万平方公里，80%的山地和丘陵；

8000多万人口，55%在农村；

——巴蜀大地，三农问题始终是发展的重中之重。

2002年，四川全省有59个乡镇、8686个建制村不通公路，而且公路技术等级低；

2013年，四川农村公路总里程达28万公里，92.87%的乡镇通水泥（沥青）路、98.40%的建制村通公路和71.57%的建制村通水泥（沥青）路，较10年前分别提高41、45和58个百分点。

——十年发展，四川农村公路发生了翻天覆地的变化，公路织如网络，四通八达，通车城乡，成为新农村建设的助推器，广大农村面貌焕然一新，农民群众生活日新月异。

红专村枇杷的销路

2014年5月10日，四川省眉山市仁寿县文宫镇红专村的村口像往常一样一大早就热闹了起来。赶场的、赶车的、走亲戚的，开车的、骑车的、走路的，熙熙攘攘，好不热闹。26岁的张超踩着三轮车，拉着满满一车大大小小的纸箱来到了村口，快递公司的车正等着小张送货来呢。小张与快递员迅速地称重、记账、装车，很快，货物发走了。原来，小张开了一家网店，专门卖当地特产。这不，5月正是枇杷上市的季节，小张的网店里枇杷销量一下子火爆了起来，每天都要发走几十件货物。“全国各地的都有，都是几斤、十几斤的买。”说起源源不断的销量，小张喜笑颜开：“仁寿枇杷好吃，核小还甜，这几年名气越来越大，销量也越来越好了，今年销售上万斤估计不成问题。”

其实在几年前，小张想都不敢想开网店的事。4年前，小张大学毕业了，进了县城一家企业工作，平时住在县里，周末才回家。“那会儿回家要先坐车到镇上，再走路回家。如果下雨我就不回家了，路太烂了，难得走。”3年前，平坦宽敞的公路修到了村里，修到了小张的家门口。“公路修到家门口，一下子感觉我们村洋气了起来。我每周都回家了，即使下雨路也好走得很。”说起公路，小张脸上绽开了花。公路修通了，出行方便了，小张也经常邀请同学、朋友们到家里玩，他们对当地的特产和绿色食品都赞不绝口。听着大家的赞美，看着门前宽敞的公路，小张萌生了开网店的想法。经过调研，小张发现开网店最关键的快递业务也不成问题——发货量大的话，快递公司可以到村里来取，发货量小的话，把东西送到县里也只需要半小时而已。说干就干，小张的农家特产店开起来了，他家种的花生、芝麻、黄豆、绿豆、芦柑、柚子、甜樱桃，父母上山采的野菜，二舅家产的蜂蜜都被他搬上了网店。当然，更少不了“中国枇杷之乡”仁寿县的特产——五凰枇杷，这也是小张网店里最为畅销的宝贝。

刚开始，父母对小张开网店也没有抱任何期望，就当是小孩子玩游戏。没想到，两年下来，小张的销量和收益让父母刮目相看。小张高兴地说：“我家东西好、实惠。”小张父亲感慨：“没有门前这条公路，啥子都干不成。”

公路修通后，城里人越来越喜欢到

为农民兄弟修路·重庆

深度观察 OBSERVER

巫溪县兰英乡通兰路

从沟壑天堑到康庄坦途

——重庆市农村公路建设发展综述

文/本刊记者 钟飞龙
本刊特约记者 解恒

作为内陆开放高地，重庆无论是打造西南游地区综合交通枢纽，还是促进"两带一路"战略，不断健全的农村公路网络，已经逐步成为推动"五大功能区"建设的交通新亮点，成为承载广大农村群众发展梦想的希望之路。

50

筑好康庄大道
ZHUHAO KANGZHUANG DADAO
GONGYUAN XIANGKANG MENGXIANG
共圆小康梦想

五

后　记

2014年3月份以来，按照交通运输部党组的部署要求，部政策研究室策划组织开展了习近平总书记关心农村公路发展的主题新闻宣传工作，取得了良好的宣传效果。本册集锦以文字和图片的形式展现这一重大主题的宣传成果，力图全景式地记录宣传的进程和内容。回顾宣传工作，以下几点印象深刻：

一、宣传报道声势浩大、成效显著

在中央办公厅的直接指导下，按照交通运输部制定的宣传报道方案，4月下旬开始，中央主要媒体进行了近一个月的集中报道，在全国上下形成了持续宣传农村公路发展的热潮。

一是重点媒体密集报道，冲击力强。4月28日，新华社播发了《筑好康庄大道 共圆小康梦想——习近平总书记关心农村公路发展纪实》长篇通讯。中央电视台《新闻联播》当日头条口播了相关内容，次日播报了各地贯彻落实习近平总书记重要批示精神的消息。4月29日，《人民日报》头版头条转载新华社通讯，并配发评论员文章《让农民的“小康路”更宽广》。中央人民广播电台《新闻和报纸摘要》、《经济日报》、《光明日报》、《工人日报》、《中国青年报》、《农民日报》等中央新闻媒体和《北京日报》、《天津日报》、《吉林日报》、《福建日报》、《浙江日报》、《南方日报》、《云南日报》、《西藏日报》、《陕西日报》等地方重点媒体共计155家全文头版转载了新华社通讯。

二是中央媒体持续报道，备受关注。4月30日起，《人民日报》二版开设“落实习近平总书记重要批示精神”专栏，连续5天报道各地农村公路发展成就，并刊发云南、贵州、四川、浙江、湖北、甘肃6位省委书记和杨传堂部长关于落实习近平总书记重要批示精神的采访报道，5月19日刊发杨传堂部长的署名文章《推进农村公路建设 更好保障民生——深入学习习近平总书记关于农村公路建设重要指示精神》。新华社播发专访文章《小康路上，绝不让任何一个地方因农村交通而掉队——访交通运输部部长杨传堂》。中央人民广播电台《新闻和报纸摘要》5月1日和4日播发相关报道。5月20日，中央电视台《焦点访谈》以《致富路通到家门口》为题，播出了对江苏省委书记罗志军和杨传堂部长的访谈。5月23日，中央人民广播电台《政务直通》播送了对翁孟勇副部长的专访节目。中央媒体持续开展的深度报道，引发了社会各界的高度关注。

三是网络媒体积极转载，影响广泛。人民网、新华网、中国经济网及搜狐、新浪等网站均在首页大头条、新闻区头条位置，以《习近平：修一段公路就能开一扇脱贫大门》、《习近平关心农村公路：小康不小康关键看老乡》、《习近平关心农村公路发展纪实：让农民共圆小康梦想》等标题全文转载新华社通讯。5月15日，冯正霖副部长赴新华网作客访谈，解读农村公路建设发展情况，新华网进行了图文直播，并以《农村公路是农民看得见摸得着的民心工程》、《2020年集中连片特困地区交通运输网络将基本形成》等为题作了重点报道。据不完全统计，截至目前，关于习近平总书记关心农村公路发展的相关报道和网络转载达6000余条。

四是行业媒体深度报道，感染力强。《中国交通报》4月29日全文转载新华社通讯，配发社论《绝不让农民兄弟在小康“路”上掉队》，推出“春风习来康庄路”专版，以4个版面的篇幅介绍了农村公路建设发展成效，并在头版开设“老乡奔小康 交通做保障”专栏，持续报道各地贯彻落实习近平总书记重要批示精神的消息。2014年第9期《中国公路》杂志全文转载通讯内容，并进行了解读报道。

此外，交通运输部政府网站转发了相关报道，及时发布收看通知，并于5月7日组织《建好贵州美丽乡村小康路》网络访谈，贵州省交通运输厅负责人介绍了贵州农村公路发展情况。

二、社会各界高度关注，反响强烈

习近平总书记关心农村公路发展的宣传报道受到社会各界的高度关注，引起了巨大反响。

一是各级党委政府深化了对农村公路的认识，更加重视农村公路建设。通过习近平总书记关心农村公路发展的宣传报道，提升了各级党委、政府对交通运输工作的重视程度，更加积极主动地加快农村公路发展，进一步使农村公路建设由部门行为向政府行为转变，由行业行为向社会行为转变。各级党委、政府深入传达学习习近平总书记关于农村公路的重要批示精神，抓好贯彻落实，推动农村公路发展。如湖北省委书记李鸿忠表示，习近平总书记对农村公路建设的重要批示，增强了加快农村公路建设的信心和决心。又如甘肃省委书记王三运就贯彻落实习近平总书记重要批示精神、加强农村公路宣传和发展提出具体要求。各地党委、政府还对农村公路建设情况进行调研，制定了加快农村公路发展的相关政策和规划。

二是行业干部职工感受到了党中央对农村公路的关心和肯定，增强了自信心和自豪感。各地交通运输部门迅速召开专题会议，传达贯彻习近平总书记重要批示精神。广大行业干部职工一致认为，习近平总书记关于农村公路发展的重要批示，是农村公路发展史上里程碑式的事件，为进一步做好交通运输工作指明了前进方向，创造了良好条件，极大地振奋了信心，凝聚了力量。部直属机关党委组织部内各司局进行了学习讨论，许多同志都撰写了心得体会，认为宣传报道体现了党中央和习近平总书记对交通运输部、交通运输事业的关心和重视，进一步增强了机关干部干事创业的使命感和服务群众的责任感。河南、河北、贵州等省交通运输厅的同志致电我部表示，看到中央媒体的宣传报道，感到领导关心重视的力度前所未有，新闻宣传报道的力度前所未有，感到前所未有的自豪和振奋。

三是广大人民群众看到了农村公路作出的巨大贡献，更加期待农村公路加快发展。广大网友通过新闻跟帖评论、微博转发评论等形式，表达了对农村公路加快发展、更好地帮助农民致富奔小康的广泛期待。新浪一位微博网友说："愿习近平总书记的殷切期望，化为各级党委政府深入推进农村公路发展的巨大动力！"一位搜狐网友跟帖评论说："这承载着致富梦想的农村公路，正让农民的美丽乡村梦一步步变成现实，给力！"

三、宣传工作取得成功的经验和体会

本次农村公路的新闻宣传工作能够取得显著成效，主要得益于以下五个方面。

（一）中央领导部门的指导，是开展好农村公路宣传的坚强保障。中央办公厅领导对习近平总书记关心农村公路发展的新闻宣传工作十分重视，给予了坚强有力的支持和指导，对交通运输部党组报送的新闻稿件和宣传方案作出重要批示，提出具体要求，明确宣传方向。中办值班室多次与部办公厅、政策研究室面对面商谈，指导宣传方案的制定和宣传稿件的完善，主动协调中央有关部门支持宣传工作。中宣部领导对新闻宣传方案也作出明确要求。这为掀起农村公路宣传高潮提供了坚实的保障。

（二）部党组的高度重视，是开展好农村公路宣传的关键。本次宣传工作是在部党组的直接领导下完成的。正是有了杨传堂部长、翁孟勇和冯正霖副部长等部领导对大局大势的精确把握，对宣传方向的严格把关，对宣传活动的鼎力支持，使得行业上下普遍感到，这次宣传活动的最大亮点在于，跳出交通宣传交通，中央媒体的宣传达到了"不着交通一字，尽显交通贡献"的效果，实现了让总书记的指示批示成为各级党委政府支持农村公路发展的行动指南，增进了各级党委政府发展农村公路的思想自觉和行动自觉。

（三）农村公路建设发展的显著成就，是做好新闻宣传报道的有力支撑。在部党组的正确领导下，农村公路建设成绩斐然，为广大人民群众带来了巨大的实惠，也为做好新闻宣传工作提供了有力支撑。一系列翔实的数据、生动的事例、人民群众由衷的赞叹和期待，让农村公路新闻宣传更加“接地气”，更具有针对性和感染力。

（四）与中央新闻媒体长期以来的良好合作，是开展好农村公路宣传的有效途径。长期以来，我部与中央重点媒体保持良好沟通，宣传方案得到了中央媒体跑口记者的指导。他们提出了富有建设性的意见，优化了宣传方案和报道安排。人民日报、新华社、中央人民广播电台、中央电视台等媒体对播发、转载通讯，做好深度报道进行了周密安排，保证了宣传效果。

（五）行业各单位及部内有关司局的配合协作，是开展好农村公路宣传的共同合力。为搜集农村公路发展素材，部下发明传电报，要求各地提供相关材料。各地交通运输部门迅速行动，按照通知要求认真反馈，在媒体采访、宣传报道上也给予了密切配合和支持。部综合规划司、财务审计司、公路局、运输司积极提供农村公路宣传素材、发展数据；科技司利用政府网站发布收看通知，组织网络访谈；直属机关党委做好部机关干部的学习发动，促进宣传成果的转化。政策研究室认真履行杨传堂部长与政策研究室全体干部职工座谈时的讲话要求，积极谋划各项工作，有效发挥综合优势，严格付诸工作实践，通过这次重大新闻宣传的方案策划、重要稿件起草、主要媒体联络等系列工作的完成，经受了考验、展示了作为、积累了经验。行业上下和部内单位密切协作，形成了做好新闻宣传的强大合力。

2014年9月